明清白木家具

蒋奇谷——著

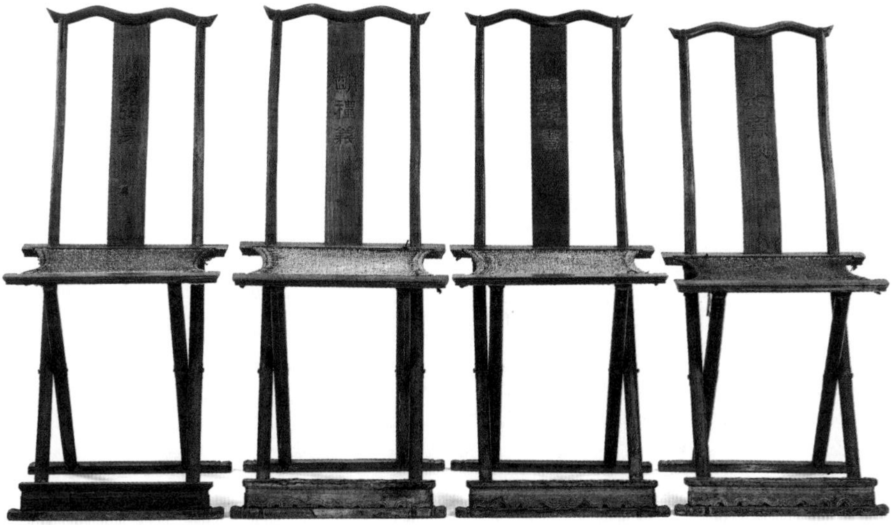

生活·讀書·新知 三联书店

图书在版编目（CIP）数据

明清白木家具 /（美）蒋奇谷著. —北京：生活 · 读书 · 新知三联书店，2022.10
ISBN 978－7－108－07361－7

Ⅰ. ①明…　Ⅱ. ①蒋…　Ⅲ. ①木家具－研究－中国－明清时代
Ⅳ. ① TS666.204

中国版本图书馆 CIP 数据核字（2022）第 015850 号

特邀编辑　刘　洋
策划编辑　唐明星
责任编辑　柯琳芳
装帧设计　刘　洋
责任校对　陈　明
责任印制　张雅丽
出版发行　生活 · 讀書 · 新知 三联书店
（北京市东城区美术馆东街 22 号 100010）
网　　址　www.sdxjpc.com
图　　字　01-2022-5011
经　　销　新华书店
制　　作　北京金舵手世纪图文设计有限公司
印　　刷　天津图文方嘉印刷有限公司
版　　次　2022 年 10 月北京第 1 版
2022 年 10 月北京第 1 次印刷
开　　本　720 毫米 × 965 毫米　1/16　印张 20.5
字　　数　100 千字　图 235 幅
印　　数　0,001－5,000 册
定　　价　168.00 元
（印装查询：01064002715；邮购查询：01084010542）

蒋奇谷

水墨画家，美国芝加哥艺术学院（The School of the Art Institute of Chicago）绘画系、史论系教授，芝加哥亚洲艺术研究所（The Research House for Asian Art）所长。业余时间撰写艺术史、艺术理论和批评论文多篇，有译著《图像的领域》（The Domain of Images）等。

目录

司汉序

蒋奇谷先生旅居芝加哥已有30多年，他在芝加哥艺术学院教授艺术史及绘画课程，并且坚持水墨画创作。芝加哥这座城市居住着几位近十年把艺术史扩展到视觉文化研究领域的前沿理论家，包括芝加哥大学的米歇尔（W.J.T. Mitchell），还有奇谷的同事埃尔金斯（James Elkins）。奇谷的这本《明清白木家具》选择白木家具作为研究对象，这在艺术史的家具研究领域是一个空白区。奇谷的《明清白木家具》以很大篇幅做了理论上的梳理和论述，这是艺术史被忽视领域的新拓展，是一种借助具体文物和审美经验，把研究提升到在方法和理论上进行批评性思考的艺术史写作。在我看来，这是受了芝加哥这座城市研究风气的影响。

我在斯德哥尔摩远东古物博物馆主持工作，对中国古典白木家具在西方博物馆里的缺席和我们自己对白木家具不重视的情况有所了解；涵盖在“明式家具”概念之下的中国古家具基本就是黄花梨、紫檀等贵重木材家具。奇谷在书的一开始对“明式家具”这一词的源流做了梳理，通过中西相关家具史学术著作里的概念对比，指出“明式家具”作为一个艺术史概念存在的问题：它是一个风格外延巨大的名词，在外延限定之后又产生排他性，即价值评判性地把非贵重木材（白木）制作的古典家具排除在外。奇谷还就“明式家具”这一名词的广泛流传进行剖析，为白木家具的研究做了理论铺垫工作。

白木家具不受重视的一个主要原因是木材有贵贱之分。奇谷通过对古代文献里木材种类和名称的整理，指出历朝历代木材贵贱之分的变更。因此，对家具史研究的拓展，首先要打破唯木材论的狭窄视角。除了对家具艺术欣赏仅以木材的贵与贱加以判断的陋习进行剖析与批判，奇谷还分析了常用木材的软、硬、粗、细，设计风格的繁、简、雅、俗等组合观念，从不同角度指出唯材论与经济价值论对家具收藏、研究和审美的危害与偏见。奇谷对古今中外文献的广泛援引，对木材的各种用途和家具的多元风格的细致描述，丰富了我们对中国古家具文化的认识。通过历史这面镜子，我们看到了当下家具审美的褊狭。

奇谷先生推崇符合文人审美理念的家具。在本书的第六章，他对此做了详尽的阐述，这可以说是全书的灵魂之所在。作者写此书的真正用心，不仅在于对白木家具的研究，也在于对当下的奢欲和盲目跟风现象的批判。尤其宝贵的是，奇谷通过大量的文本阅读做出研究和分析，指出中西研究方法和中英文中中国家具相关名词使用上的差异。毕竟我们生活在一个全球化的时代，对中国艺术的研究，不仅仅是中国人自己在做的事情，能够和西方学者的研究进行对话也十分重要。其中，对术语使用的推敲是对话和互补的重要一环。这也是我们这些在西方学术机构从事文化传播工作的人每天都会遇到的问题，奇谷的梳理是一个贡献，对关注中西学术交流的学者是很好的帮助。

中华文化的传承和文明的复兴，既需要马可乐先生、刘山先生、周峻巍先生等一批有独到品位的收藏家，更需要蒋奇谷先生这样有独特视角和人文关怀的艺术史论家一道参与其中。

谨为序。

司　汉

2018年夏于瑞典斯德哥尔摩

詹姆斯序

20世纪初以来，艺术史一直在扩展其范围，蒋奇谷先生的《明清白木家具》又是一个例子。维也纳艺术史学家和策展人阿洛伊斯·李格尔（Alois Riegl）被认为是这一扩展的开创者。他的著作《罗马晚期的工艺美术》（*Die Spätrömische Kunstindustrie*）出版于1901年，所论对象不仅包括头像雕刻和浅浮雕，还包括耳环、皮带扣和夹在罗马参议员披的宽袍上的搭扣。第二次世界大战之前，艺术史学家开始研究摄影和电影，现在的学者们还研究广告、互联网和电视的图像。

在这种快速扩张中，一些对象被遗忘了。艺术史学家对传统的绘画，如静物画、风景画等毫无兴趣。没有多少人研究非前卫性的现代绘画，以及陶瓷、珠宝、版画和雕塑。约定俗成的学术关注模式是这样的：学者们首先研究最著名和最有影响力的作品，比如达·芬奇的《蒙娜丽莎》或者著名的当代作品。在西方家具设计领域，这意味着艺术史学家首先研究精心制作的家具，如文艺复兴时期的意大利陪嫁箱——通常上面以绘画作为装饰，以及巴洛克时代的装珍贵宝石、硬币等东西的精美盒子。还有专门研究18世纪欧洲制造的中国风格的家具等的书籍出版，但这些书的研究对象都是非常精致和昂贵的家具，它们有由异国木材如乌木、桃花心木做的饰面，还镶嵌着贝壳、玳瑁、黄金和象牙。对欧洲一些重要的制作家具的工匠，如皮耶罗·高乐（Pierro Gole）、多米尼克·库奇（Domenico Cucci）及安德烈·布雷（André Charles Boulle）（为法国皇帝路易十四制作家具的工匠）也有相应的研究。

学者们还研究现代主义家具设计师查尔斯夫妇（Charles and Ray Eames）设计的家具（它们的复制品仍然很受欢迎），还有设计著名的“蛋椅”的丹麦设计师阿恩·雅各布森（Arne Jacobsen）和设计广受青睐的帕米奥椅（Paimio Chair）的芬兰设计师阿尔瓦·阿尔托（Alvar Aalto）设计的家具。后现代和当代艺术史学者还研究约瑟夫·科苏斯（Joseph Kosuth）、乌尔斯·费舍尔（Urs Fischer）、多瑞丝·萨尔赛朵（Doris Salcedo）和达米安·奥尔特加（Damian Ortega）等艺术家设计的家具。这种家具通常是非功能性的：它们以雕塑的形式出售，只是形式上参照了家具。因此，西方对家具历史的研究集中在三种对象上：为宫廷贵族制作的家具，20世纪到现在的为富裕主顾制作的家具，以及艺术家为艺术市场制作的家具。而普通的家具则被忽视或遗忘。

西方艺术史学者研究的家具通常由从遥远国度进口的很昂贵的木材制成：桃花心木、红木、柚木和乌木就是典型的例子。新贵和上升的中产阶级消费的中档家具的木材通常包括核桃木、樱桃木等果木。中下阶层和贫穷人群用的家具则由软木，如大面积种植的锥形白松树、柳树、桤木等速生的树木制成。以艺术史（西方）的视角，现代木质家具的研究将被归为“材料研究”，侧重研究家具的生产和消费、消费阶层的愿望以及批量生产的家具在日常生活中的地位。而传统艺术史感兴趣的家具通常是由昂贵的材料如硬木制作的，甚至是加了更贵重的材料如黄铜、银、珍珠、猫眼石等制作的。

中国家具的研究遵循了相同的模式，但有一个重要的区别，即中国的一些木作家具与文人的文化有关，因此，家具就具有了与高品位艺术品相关的属性，如注重细节、平衡和样式。中国家具的研究著述中，有对宫廷贵族使用的高端家具的研究，学者们已经写过用稀有硬木制成的昂贵精致的家具。近来还有一些关于中国后现代和当代家具设计的写作，但尚缺少对看似平常的家具如白木家具的研究。乔治·凯茨（George N. Kates）的《中国日用家具》（*Chinese Household Furniture*）是为数不多的几本英文书籍之一，出版已经70年了，其中列举了一些非贵重木材的家具（参见奇谷在本书一些章节中关于凯茨观点的讨论）。

然而，本书中的家具与西方制作的廉价或大规模生产的软木家具有天壤之别，它们有一种罕见的美。奇谷提出了一个令人信服的论据，即这些家具与文人生活及他们的艺术观念相关，体现了俭朴和简洁；它们不用珍珠和镶嵌，装饰很少，并且很少刷漆或不刷漆，因此没有明亮的颜色。不熟悉文人文化的西方读者会喜欢本书所研究的家具，因为它们具有与欧洲现代主义风格派（De Stijl）家具相似的简单线条，与包豪斯运动及相关的艺术家，比如格里特·里特维德（Gerrit Rietveld）、皮特·贝伦斯（Peter Behrens）和密斯·凡德罗（Mies van der Rohe）等也有风格上的关联。当然，本书的研究对象实际上并非西方现代主义家具，明代文人的文化语境和两次世界大战间欧洲的现代主义毕竟是不同的。尽管如此，从西方设计的角度来看，中国早于西方十多个世纪就形成了类似的简约形式，其优雅而线条微妙的桌椅可以追溯到唐朝，这实在令人着迷。

这是一本很好的书，它独到地关注并详细论述了中国明清家具的品位、制作、所使用木材的种类和历史。这是一个很好的学术研究的例子，说明执着而杰出的学术研究可以将被忽视的艺术珍宝——白木家具重新引入我们的视野。

詹姆斯·埃尔金斯

2018年4月于芝加哥

引言

本书名为《明清白木家具》，顾名思义，本书所述为用白木制作的家具。众所周知，在中国古代木质家具领域，白木家具地位低下：同样一件家具，黄花梨或紫檀的动辄价值百万、千万，甚至上亿元，而白木家具却低“它们”一等。近来情况略有好转（仅体现于榉木家具），但是风格、尺寸大致相同的家具，白木的与黄花梨、紫檀等的在价格上还是有天壤之别。[1] 这是一个不争的事实。当人们接触古家具时就会发现，无论是有关家具的书籍还是拍卖会或是古董市场，人们几乎都聚焦于黄花梨、紫檀、酸枝等贵重红木制作的家具。黄花梨更是“万木之王”。这也许是“物以稀为贵”的市场规律在起作用：黄花梨木质坚硬，花纹独特，漂亮且有香味，产地遥远而稀少；它在古代就受人喜爱而被大量采伐，如今材源几近告罄。紫檀也大体如此。但事实没那么简单；白木家具的问题是一个因时代巨变而引起价值观念巨变，并与历史文化纠结在一起的错综复杂的问题。

随着改革开放后经济高速发展，中国收藏界产生了对黄花梨、紫檀等贵重木材家具的狂热追捧。由于增值

1. 2016年11月嘉德拍卖会上，清早期榉木独板翘头大案拍出138万元人民币，而2012年5月嘉德相近尺寸的黄花梨独板大翘头案成交价为3220万元人民币，2013年3月纽约佳士得一张尺寸与嘉德清早期榉木独板翘头大案相近的明末清初黄花梨独板架几案成交价为5651万元人民币。一些榉木家具价格近年来逼近黄花梨家具，有望成为下一个“黄花梨”，但其他白木家具价格仍然低迷。

的巨大诱惑、家具学术研究的滞后、媒体的误导，以及中国整体上艺术教育的薄弱等因素，人们在对古家具及其所用木材认识不足的情况下，简单地以木材经济价值高低代替审美判断。由于两者混淆，前者等同于后者，就产生了偏见，并且这些偏见长期得不到纠正。明式家具热是从20世纪80年代中期开始的，至今不过30多年，但“唯木材论”——以木材贵贱来判断一件家具价值的方式已深入人心。一点也不夸张地说，绝大部分关心古代家具的藏家、爱好者，甚至包括一些学者，都认为明式家具就是黄花梨、紫檀等贵重硬木制作的家具；黄花梨、紫檀家具已经与明式家具画上了等号，而且已经成为一个公共定义。[1]

白木不是一种木材，而是一大批木材的总称。它以“白木”定义，是相对于“红木”（深色木）而言的众多浅色木材的统称。红木、白木两者间一个巨大区别是：黄花梨、紫檀及大多数红木是进口木材，而白木则是中国本土的木材。白木家具的历史远比黄花梨、紫檀家具悠久，这可以通过出土的古家具实物得到证实：最早的白木家具可以追溯到新石器时代的龙山文化。[2]仅存的远古白木家具还有战国黑漆朱绘回旋纹几（曾侯乙墓出土）和著名的河南信阳楚墓出土的大木床等。相比青铜器、陶瓷和玉器，出土的各个朝代的木质家具少之又少，其中明代之前的家具更是屈指可数。[3]尽管如此，这些家具证明了白木家具在历史上的主宰地位。在明以前的绘画和壁画里我们可以看到一些家具及它们的风格

1. 百度百科“明式家具”词条内容如下：“明式家具是独具特色的传统家具。指自明代中叶以来，能工巧匠用紫檀木、杞梓木、花梨木等制作的硬木家具。”

2. 李敏生等：《陶寺遗址陶器和木器上彩绘颜料鉴定》，《考古》1994年第9期。

3. 日本正仓院藏有唐代紫檀家具数件，如一件紫檀木画挟轼（凭轼）为紫檀贴面；还有两件木画紫檀双陆局，一件木画紫檀棋局（均为紫檀贴面），其他五件双陆局、棋局为榧木、桑木等白木。而两张御床，24条多足几均为白木家具。

和样式，虽然为数不多，且实物已流失在历史长河之中，但毕竟被记录下来了。因此，历史告诉我们，明代黄花梨、紫檀家具的风格和样式是在之前白木家具的基础上并受其影响而发展起来的，于明代中晚期才开始流行，为后起之秀。对于中国家具整体来说，它是一小部分。即便在黄花梨、紫檀家具的巅峰时期（明晚期清早期），白木家具的制作规模和使用范围也没有缩小，而且是延续不断的。

明晚以降存世的木质家具相对多一些，但数量无法统计。其中黄花梨和紫檀家具的数量，谭向东先生在他的《明清黄花梨紫檀家具存世量调查报告》中估计近一万件。[1]谭先生自己认为这个数目还有待进一步确证，不过,它至少提供了一个大体轮廓。白木家具虽然没有做过类似的调查，但在数量上应该远多于同时期的黄花梨、紫檀家具。白木家具研究是一个长期被忽视和冷落的中国古家具研究领域，白木家具数量庞大但几乎没有相应的学术研究是令人难以置信和接受的。事实上，红木家具出现之前的中国家具史即是白木家具史，之后的家具史也非黄花梨、紫檀两类家具史可以囊括。如果把中国家具作为一个整体来看，白木家具就好比大海，而黄花梨、紫檀家具就像几个小岛，集中在北京、苏州、松江等地，即便在这些“岛屿”上也还主要是白木家具。因此，白木家具有黄花梨、紫檀家具所不可代替的历史地位和价值。

白木家具是一个非常有趣的、极其值得研究的课题，

1. 谭向东:《明清黄花梨紫檀家具存世量调查报告》。谭向东——古典家具研究博客第869篇，2016年12月19日，http://blog.sina.com.cn/s/blog_7b39e0ce0102xx51.html。

但由于文献和有年款古代家具稀缺，加上学术研究背后的经济兴奋点不够而动力不足等原因，没有很好地开展。因此，本书想在以下几个方面做一些探讨：

一、中国家具的研究是西方学者开始的。20世纪40—70年代，有几位西方学者写作和出版了几部重要而影响巨大的中国家具专著。我们先来看一下白木和白木家具在这些西方学者的著作里是怎样被描述和论述的，以及他们的木材观对中国家具研究有过哪些影响。（见第二章）

二、古代文献里有许多关于现在属于白木木材的记载和描述，但其用法、语义与现在不同。我们有必要回览一下古人对这些木材的描述和论述，并纠正当下学术研究中一些对古代文献的误读和由此产生的误解。通过了解白木在古人生活中的作用和在他们心目中的地位，我们可以将古人对木材的认识与我们现在的木材观做个比较，从而审视和反思我们现在对木材的划分及由此产生的偏见。（见第三章、第五章）

三、对当下家具的木材观念影响最大的还是中国人自己的学术研究，尤其是王世襄先生的两本著作——《明式家具珍赏》和《明式家具研究》。在书中他提出了一个极其重要的家具概念——“明式家具”。根据王世襄先生的定义，“明式家具”有广义、狭义之分。广义的明式家具的范围非常大，可包括所有具有明代风格的家具；狭义的明式家具就是指黄花梨、紫檀等贵重木材制作的家具，即“材美工良”的家具。这样的定义使古家具的范围和时期有所明确，使用也非常方便，但同时也存在一些问题。因此，本书将对“明式家具”概念做一些分析和探讨。（见第一章）

四、本书还将做一次木材软硬方面的梳理，以便帮助人们消除以软硬划分木材种类的误解和偏见。（见第四章）

五、以往的家具研究往往将年代考证放在首位，将榫卯、式样、木质确定作为家具研究的重点，而家具审美方面却很少有深入的讨论。本书将尝试做一次文人家具审美的探讨。中国古代文人是一个特殊的群体，用现代的经济学话语来说是一个特殊的社会消费阶层。历史上中国文人有自己的审美取向和立场，他们对美的理解和要求与宫廷（官方）和大众（民间）不同。正如绘画，历史上就有“院体画”“文人画”和“民俗画”之分。现在一些关于明清家具的著述常常提到文人对明清家具发展所起的巨大作用，但很少探讨什么是文人的家具审美。比如，文人审美具体体现在家具的哪些方面？哪些家具属于或不属于“文人家具”？文人家具审美的判断根据是什么？文人为什么要做如此的家具审美判断？了解文人家具审美对我们当下的生活有什么意义？等等。文人家具审美虽然是一个很诱人的说法，但很容易陷入空泛，令人产生困惑；审美往往是个人经验的一种选择，文人也是如此。但文人作为一个整体在审美上有一致性，因为同一社会阶层通常会有审美的共性。这是一个不容易说清楚的问题。本书将专辟一章（见第六章）来讨论文人的家具审美。

六、寻找符合文人审美并在现实中留存下来的古家具实例。这是一个困难和极具挑战的探寻。文人一般追求自然俭朴而反对奢侈，所以文人的审美就体现为简单和朴实，它是一种自然、自在的精神追求。本书所收入的家具尽量从文人生活出发，并根据文人审美的精神而做选择。本书对每一件家具进行了描述（见第七章），企望通过探讨和感悟来理解、领会文人的家具审美。

我衷心希望拙著能够开一个头，郑重地提出白木家具所面临的问题。希望有更多的读者来参与探讨，以恢复白木家具应有的历史原貌。

蒋奇谷

2021年12月1日于芝加哥

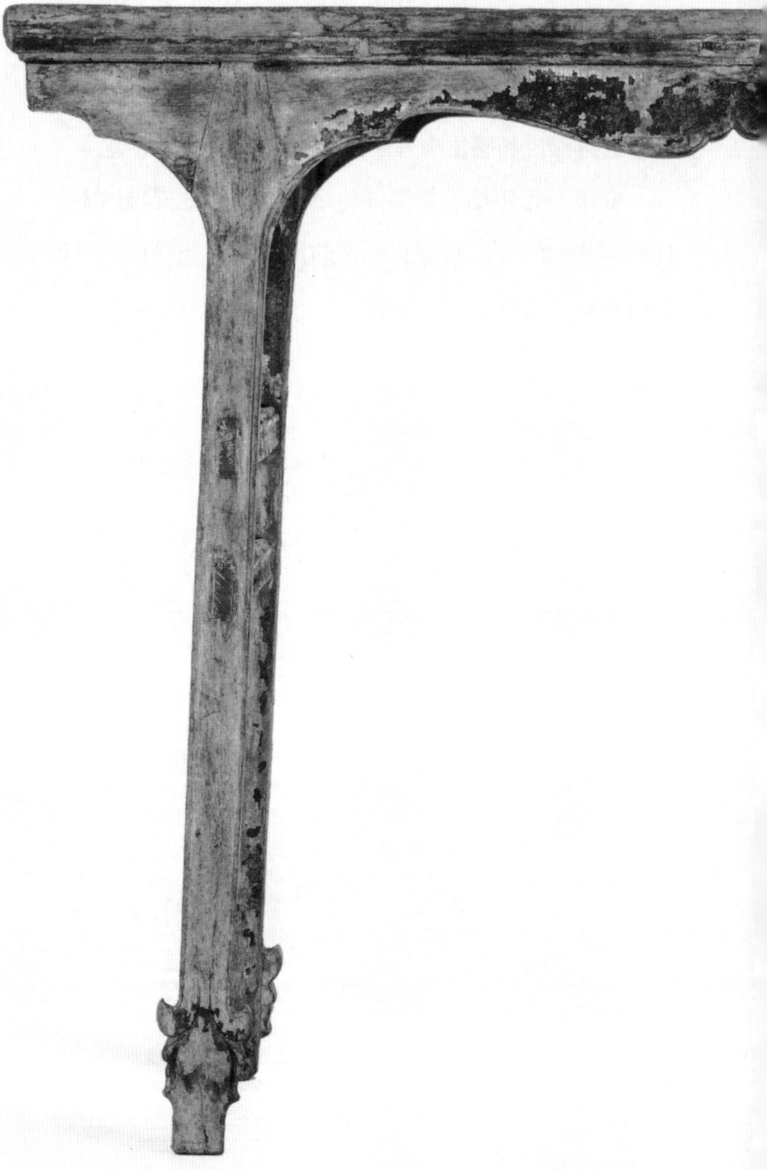

一、从『明式家具』一词说起

中国经济的一路增长腾飞，市场不断升温，使木质古家具的价格也攀升冲天。在资本不可阻挡的力量的推动下，曾经不为人瞩目、被称为“旧货”的家具，与其他中国古代文物如绘画、瓷器和玉器等一样，身价一跃百倍。但是，我们不难发现，这些价值千金、冠名为“明式家具”的家具几乎清一色由黄花梨或紫檀等名贵木材制成，同时期或更早制作的白木家具却被排除在外。我们再来看中国古家具的学术研究，不难发现从20世纪40年代起，从西方学者到中国学者，几乎所有人都把注意力集中在黄花梨、紫檀等一些名贵木材制作的家具上。白木家具虽然是当之无愧的明式家具，但为什么在明式家具著述里几乎全面缺席？如果从木材出发，“明式家具”范围内完全可以有一个“明式白木家具”的类别，但事实上这个类别并不存在。现实生活里有相当数量的明代白木家具，但却没有“明式白木家具”这个概念，因为明代的白木家具已经在概念上被排除在“明式家具”之外。“明式家具”从字面上看是一个以风格限定的家具概念，而实际上是一个以木材贵重与否为前提的家具名词。因此，让我们从分析“明式家具”这一概念开始吧。

中国在20世纪80年代之前几无一本自己的古家具研究专著，仅有寥若晨星的几篇关于家具的论文。它们是杨耀先生1942年发表的《中国明代室内装饰和家具》[1]和1948年发表的《我国民间的家具艺术》[2]；1949年后他又写了两篇关于家具的文章，即《中国家具的艺术地位和风格问题》[3]和《我国家具发展简况》[4]。著名学者朱家溍先生也写过关于古家具的论文《漫谈椅凳及陈设格式》[5]等。“明式家具”作为一个家具的概念在这几篇文章里都还不存在。杨耀先生《中国明代室内装饰和家具》第三小节的题目“现存明式家具之式样与做法”中有“明式家具”一词，[6]但他对这一概念没做任何阐述和解释，而整篇文章都用“明代家具”一词。[7]他的《中国家具的艺术地位和风格问题》和《我国民间的家具艺术》两篇文章，现已分别改名为《明式家具的艺术地位和风格》和《明式家具艺术》，[8]整个论文集也以《明式家具研究》冠名。我怀疑杨耀先生第一篇文章第三小节题目里的“明式家具”原文应为“明代家具”，可能是杨耀先生的后人在编辑出版时做了顺应时代潮流的改动。我们由此可以看到，当下“明式家具”一词已经深入人心，学者们纷纷用“明式家具”作为书名，[9]它就像一块金字招牌。

这一时期的中国家具研究专著是西方人写的，如德国学者古斯塔夫·艾克（Gustav Ecke，1896—1971）1944年出版了《中国花梨家具图考》（*Chinese Domestic*

1. 原载1942年《民国三十一年国立北京大学论文集》。
2. 原载1948年《国立北京大学五十周年纪念论文集》。
3. 著于1962年，油印本，是杨耀先生1962年向全国政协会议提交的提案。
4. 原载1963年《建筑理论及历史资料汇编》第一辑。
5. 原载《文物参考资料》，文物出版社，1959年第6期。
6. 杨耀：《明式家具研究》（第2版），中国建筑工业出版社，2014年，17页。
7. 同上书，13—24页。
8. 同上书，7页。
9. 以“明式家具”冠名的书籍数不胜数，如《明式家具经眼录》《维扬明式家具》《中国明式家具通览》《明式黄花梨家具》《故宫明式家具图典》《明式经典家具文化研究》等，直接以“明式家具”为书名的有濮安国《明式家具》（山东科学技术出版社，1998年）、王璟《明式家具》（泰山出版社，2012年）等。

Furniture），美国学者乔治·凯茨（1895—1990）1948年出版了《中国日用家具》，美国收藏家、学者安思远（Robert H. Ellsworth，1926—2014）1971年出版了《中国家具——明和清早期硬木家具范例》（*Chinese Furniture——Hardwood Examples of the Ming and Early Qing Dynasties*）。其他一些西方学者，如劳伦斯·思克曼（Laurence Sickman，1907—1988，美国堪萨斯城尼尔森美术馆原东方部主任）、简·高登·李（Jean Gordon Lee，美国费城美术馆原东方部主任，1989年退休）、米切·伯恩利（Michel Beurdeley，1911—2012，法国汉学家）[1]等也出版了相关著作。所有西方学者的著作中都没有"明式家具"（Ming Style Furniture）一词。1985年，王世襄先生的《明式家具珍赏》由香港三联书店出版，是第一部中国人自己写的古家具研究专著。四年后，又出版了文字卷和图版卷合册的《明式家具研究》。王世襄先生不仅将"明式家具"作为书名，而且第一次对"明式家具"做了概念的定义和阐述，从此"明式家具"一词就开始流行起来。但是，"明式家具"概念被明确之时，其问题的根源也同时被埋下。

王世襄先生的著作虽然出版比较晚，但他早在抗日战争期间就已经开始研究中国的古家具。1945年开始收集实物家具及文献资料，1960年完成《中国古代家具——商至清前期》一书的初稿，1962年决定集中精力写明清时期的家具。[2]但不久中国社会遭受了巨大的动荡，他的写作被迫停止。与当时众多知识分子一样，王

1. 米切·伯恩利的法语专著《中国家具》1979年出版英译本。
2. 王世襄:《明式家具研究》，香港三联书店，1990年，"文字卷"，216页。

世襄先生经历了种种磨难，70年代后期才逐渐恢复正常生活，直到80年代初，终于完成了这部划时代巨作。整个写作过程历时40余年。王世襄先生出生于官宦世家，家境殷实，喜爱中国古典文化如诗歌、绘画及其他传统艺术。他的传统文化功底深厚，又谙熟英文并有过海外游历，是为数不多的读过艾克、凯茨和安思远原著的中国人。王世襄先生在《明式家具研究》里援引他们的著作时，把凯茨和安思远分别译为寇慈和艾利华斯。[1]

作为中国人，王世襄先生在收集家具及查询中国古籍文献方面和西方学者比有语言和地域上得天独厚的优势；他书里援引的中国古代关于家具的文献，如木质描述、木材来源、制作工艺、时代和风格变迁及审美表述等方面都是西方著作望尘莫及的。他的书（英译本）出版后被西方学者广泛转引，推进了世界范围内中国古家具研究的深化。由于王世襄先生自己收藏明清家具，几十年如一日的实地考察，与家具匠人长期面对面的沟通，使他掌握了第一手资料和经验；他对家具的观察细致入微，对家具的结构和制作工艺有深刻的理解并描述得栩栩如生，如家具榫卯结构的名称、样式和风格的称呼，及制作工艺，尤其是它们的文化含义，等等。这些经验和知识对于没有中国语言文化背景的西方人来说是难以企及的。但作为古家具研究的学术著作，《明式家具研究》还是有一些局限和偏差。

“明式家具”从字面上看非常简单：“明式”即明

1. 王世襄《明式家具研究》里多处援引艾克、凯茨、安思远及其他西方学者的著作，他还直接援引葡萄牙修士加斯帕·达·克鲁兹（Gasper da Cruz）1556年写的广州游记（英文原文）。《明式家具研究》，26、98、99、147、169页。

代的风格，“明式家具”就是具有明代风格式样的家具。所以，“明式家具”是一个由风格限定的家具名词。那么，风格式样和年代时期是什么关系呢？王世襄先生《明式家具研究》一书的首句便开宗明义：

图1　霸王枨酒桌（侧面）。榉木，52.5厘米长，25厘米宽，51.5厘米高（刘山藏，张召摄）

> “明式家具”一词，有广、狭二义。其广义不仅包括凡是制于明代的家具，也不论是一般的杂木制的、民间日用的，还是贵重木材、精雕细刻的，皆可归入；就是现代制品，只要具有明式风格，均可称为明式家具。其狭义则指明至清前期材美工良、造型优美的家具。[1]

王世襄先生讲的“明式家具”涉及的时段，狭义的包含了明和清前期，广义的则是一个从明代开始到现代并且可以一直延续下去的无穷尽的时期，因为“就是现代制品，只要具有明式风格，均可称为明式家具”。这里我们可以看到“明式家具”这一概念的尴尬。迄今还有很多人一丝不苟地以明代家具为蓝本制作人们通常称为“仿古家具”的现代家具，按王世襄先生的定义，将这些家具称为“明式家具”一点也不为过，但必须把“明式家具”概念在狭义和广义之间转换一下，因为这些新制作的家具确确实实是“明式家具”，但不是明代的家具。

王世襄先生提出的狭义“明式家具”一词里包括一些清代早期家具，这使得“明式家具”又成为两个不同

1. 王世襄：《明式家具研究》，“文字卷”，17页。

历史时期但风格相同的家具共同使用的一个名词。关于清早期的家具王世襄先生有详细的阐述，他将它们分为三类：“第一类是悉依明式矩矱法度，造型结构，全无差异……第二类是形式大貌乃为明式，但某些构件或局部的工艺手法出现了清式的意趣……第三类是造型与装饰和明式有显著的变化，因而不能再称之为明式。”[1]王世襄先生指出，家具风格的演变需要时间，因此，一些清代早期家具因袭明代制式而与明代家具没有区别，后来随时间推移发生变化，出现清式意趣，才最终发展为清式家具。这完全符合两个历史时期风格演变和过渡的规律。但是在具体鉴定一件古家具时会有很多困难；式样上全然是明式的家具有一些却是清代制作的，因此有不少古家具以含糊的“明末清初”来断代。而“明式家具”包含“明末清初”这一时间范围，缓解了家具断代的紧迫感；以“明式家具”来定义古家具省心省力，由于年代上包容宽泛，“明末清初”即“明晚期”和“清早期”顺理成章就成了一个时期。

1. 王世襄：《明式家具研究》，“文字卷”，20页。

中国明清家具的断代问题确实非常复杂，有时充满争议。不像西方古典家具，式样与国家（地域）、王朝联系在一起，特征明显，如18世纪的英国安妮女王（Anne of Great Britain，1702—1714年在位）时期、乔治一世（Gorge I，1714—1727年在位）时期和乔治二世（Gorge II，1727—1760年在位）时期，均可作为家具风格的时间划分。安妮女王和乔治一世时期为巴洛克、洛可可风格时期，乔治二世时起为新古典风格时

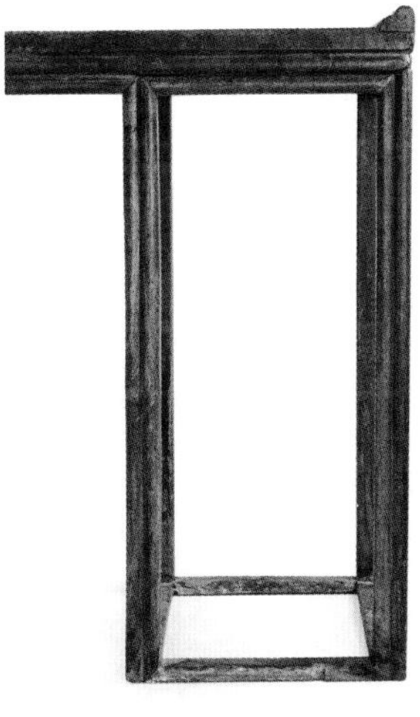

图2　仿竹架几式长翘头案（局部），详见176—177页（马可乐藏，崔鹏摄）

期。如法国，家具风格有路易十四、路易十五、路易十六时期。中国家具的情况就很不一样，比方说明代有16个皇帝，但我们不知道明朝各个皇帝，如永乐、嘉靖、万历时期，在家具风格上有什么不同和变化。中国瓷器很多都有年款，如明成化、嘉靖、万历，清康熙、雍正、乾隆等，每朝每代都有其特点和变化，年款便可以作为依据进行风格时期的断定。但家具除极少数外大都没有年款。少数有年款的家具也不足以断定整个时期的风格，因此只能用大范围的时间概念如"明晚期""清早期"来进行判断划分。王世襄先生说的前两类清早期家具是明代家具风格的延续，时间上已经是清代，以严格的时代定义应该是"明代风格的清早期家具"或"清代早期的明式家具"。但用"明式家具"就方便多了：它不仅包含明代的风格，而且将不同的年代也包括在内，显得简洁且游刃有余。所以"明式家具"似乎更适合中国的国情和文化思维方式。问题是，"明式家具"一词的使用模糊了年代的区别，使真正的明代家具成了明式家具，这样就弱化了明代家具的历史身份。虽然有划分方便和避免了断代难题等好处，但使真正的明代家具为此付出了代价。所以，"明式家具"是打了折扣的明代家具，同时指一些张冠李戴的清代家具，更可以指无数貌合神离的民国及现代家具。

我们还可以从西方著作的书名和书名中译上看出中西方在学术表述上的不同态度。艾克、凯茨和安思远三本专著的书名分别为：《中国本土家具》（直译）、《中国日用家具》和《中国家具——明和清早期硬木家具范例》，其中仅有艾克的《中国本土家具》被译成中文出版（1991年），中文版的书名为《中国花梨家具图考》，此名由艾克的朋友杨宗翰教授翻译而成，杨教授还题写了书名。他将艾克的书名译为“图考”，可能是因为《中国本土家具》最初出版时的书名为*Chinese Domestic Furniture in Photographs and Measured Drawings*，中文直译应为《中国本土家具的照片和实测图》，照片和测绘图有“图考”的意思。不过，原书名确实没有说“花梨家具”。杨宗翰教授没有翻译书名，而是另取了书名。凯茨的原书名是受艾克书名的影响，翻译成中文为《中国日用家具——卡洛琳·F. 班博和毕雀思·M. 凯茨挑选和测量过的家具》（*Chinese Household Furniture—From Examples Selected and Measured by Caroline F. Bieber and Beatrice M. Kates*）。毕雀思是凯茨的妹妹，卡洛琳是凯茨的朋友，她们和一些当时居住在北京的西方人收藏有中国的古家具。凯茨把这些情况在书名上交代得明明白白，毫无悬念。只有安思远的书名提了年代：《中国家具——明和清早期硬木家具范例》，明确无误地表明了家具所属年代。因此，中国家具断代常用的时期概念——“明末清初”在安思远的书名里出现了。从这三本书的书名可以看出，西方人的思维方式非常实在和具体，没有任何想象空间。

图3　定州五代王处直墓壁画中所描绘的插肩榫宝剑腿方桌（河北省文物研究所:《五代王处直墓》，文物出版社，1998年）

王世襄先生的《明式家具珍赏》出版后不久就被译成英文，书名为*Classic Chinese Furniture—Ming and*

图4 《北齐校书图》(局部)描绘了文人们在壸门榻上批阅卷子，同时还饮酒奏乐。榻右角两人发生肢体碰撞，放零食的高脚托盘被打翻，里面话梅形状的干果掉在榻上(美国波士顿美术馆藏)

Early Qing Dynasties。英文书名中加了年代“明和清早期”，因为这符合西方的学术规范，从中显然可以看到安思远书名的影子。而且，与艾克书名的中文翻译异曲同工，即不是“直译”，而是另取了书名。几年后，王世襄先生那本图文并茂的《明式家具研究》出版，英文书名为*Connoisseurship of Chinese Furniture—Ming and Early Qing Dynasties*。这次还是没有翻译为“明式”一词，但用了Connoisseurship（鉴赏、鉴赏力）一词来代替“研究”，并又一次把原书名里没有的年代“明和清早期”加了上去。所以，如果再译回中文，则是《明和清早期中国家具的鉴赏》，与王世襄先生的《明式家具珍赏》有点接近，但与原书名《明式家具研究》大相径庭。随着中西文化交流的不断增多，“明式家具”一词出现的频率越来越高，但西方学者还是没有接受以风格为定义的“明式家具”这个概念。美国学者韩蕙（Sarah Handler）在她的专著《从中国建筑的视角看明代家具》（*Ming Furniture in the Light of Chinese Architecture*）里指出：“‘明式家具’是一个审美的名称而非指具体年代的家具。”[1] 由此我们可以看出中西方学者对年代的态度和在表述的精准性上差异很大。

1. Sarah Handler, *Ming Furniture in the Light of Chinese Architecture*, University of California Press, 2005, p. 3.

虽然“明式家具”概念在年代上含混不清，但它最大的问题还不是年代或风格而是木材问题。从字面上看，“明式家具”是一个家具风格的概念，但仔细分析它的广义和狭义限定就不难发现，这个概念是建立在对木材贵贱的判断之上的。王世襄先生书里收入的几乎清一色是

图5 《清明上河图》（局部）里所描绘的刀子牙板书桌（故宫博物院藏）

名贵木材的家具。他在书里说得非常明白："本书范围仅限于后者，即狭义的明式家具。"他在广义的"明式家具"概念里已经提到，明代家具有"贵重木材"和"杂木"之分，并把"杂木"和"民间日用"联系在一起。然后在此基础之上明确了狭义"明式家具"的概念，即"材美工良"，意思就是木材好，做工精良，而非民间日用家具。如果一件家具做工好但是木材不够好的话，就不符合"明式家具"的要求，因此不能归为明式家具（狭义）。于是，"明式家具"，一个以木材贵贱为分界线的家具概念由此诞生。

王世襄先生的《明式家具珍赏》第二章是"制造家具的珍贵木材"，共举五种木材为例，顺序为：黄花梨第一，紫檀、鸡翅木、铁力木随后，最后为榉木（请注意，榉木被归入珍贵木材）。王世襄先生是这样描述榉木的："它比一般木材坚实但不能算是硬木，在明清家具用材中却占有重要位置，自古即受人重视。"[1]他还指出，一些榉木家具"造型及制作手法与黄花梨等硬木相同，故老匠师及明式家具真正爱好者都颇予重视，认为

1. 王世襄：《明式家具珍赏》，18页。

图6 《清明上河图》（局部）所描绘的饭店里面的刀子牙板方桌（故宫博物院藏）

不应用料较差而贬低它的艺术价值和历史价值。”[1] 王世襄先生虽然将榉木归在珍贵木材之内，但又确认其不是硬木，而是属于“用料较差”的家具木材。他说，榉木“造型及制作手法与黄花梨等硬木相同”，事实应该是正好与之相反。因为从历史上看，榉木家具在先，黄花梨家具在后，所以一些黄花梨家具的造型及制作手法与榉木家具相同。四年后《明式家具研究》出版，王世襄先生做了木材排列顺序的重大改动；这次他不再用“制造家具的珍贵木材”作为章题，而是改为“明式家具的用材”。列举木材从5种增至17种，分“硬性”和“非硬性”两大类，但实质上是将木材分成贵重和非贵重两大类。榉木被归入非硬性木材。王世襄先生对榉木的具体描述也由“在明清家具用材中却占有重要位置……”改为“它是制造家具的良材……”[2]《明式家具珍赏》里王世襄先生以老匠人和明式家具爱好者的口吻说：“不应用料较差而贬低它的艺术价值和历史价值。”《明式家具研究》则表达了他自己的观点：“论其艺术价值和历史价值，实不应在其他贵重木材之下。”[3] 让我们仔细品这

1. 王世襄：《明式家具珍赏》，18页。
2. 王世襄：《明式家具研究》，“文字卷”，143页。
3. 同上。

图7　宋《高僧观棋图》（局部）里所描绘的刀子牙板宝剑腿方桌（台北故宫博物院藏）

两句话的意思：前一句中榉木属于“用料较差”，但还是归在珍贵的木材之内；后面一句“实不应在其他贵重木材之下”的意思是，榉木虽然在贵重木材之下，但仍有价值。这样一来，《明式家具研究》一书中唯一的白木——榉木正式退出贵重木材的行列。这是唯木材论的开始。

王世襄先生非常清楚榉木家具的艺术和历史价值，他中肯地为榉木家具说了一些公道话，但最后还是没有摆脱木材贵贱的观念。关键是，他的狭义“明式家具”概念是建立在木材是否名贵的基础之上，如果将榉木纳入，名贵木材的范围就会大很多，“名贵家具”数量也会大量增加。更麻烦的是，榉木如果划入珍贵木材之列，其他众多的白木怎么办？实际上一些榉木硬度高于花梨，[1] 但将榉木归入硬木的话就有悖于他的狭义“明式家具”立场。王世襄先生在书里确实收入了几件榉木家具，但黄花梨、紫檀等家具占绝大多数，而榉木以外的其他白木家具全被排除在外。唯木材论在王世襄先生的《锦灰二堆》里表达得更为清晰。他把明式家具美归为五类：木材美、造型美、结构美、雕刻美、装饰美，[2] 木材美为五美之首。王世襄先生大半辈子收集、研究和推广中国明清古家具，但他自己也许也没有意识到，木材偏见导致了中国社会对明代家具认识的偏差。木材美无可否认，木材分软硬，在价格上有高有低都是现实，但作为一件古家具来说最重要的因素首先是它的历史和审美价值。一件优美的古代家具蕴含着历史和文化的积

1. 参阅本书第四章。
2. 王世襄：《锦灰二堆——王世襄自选集》，“明式家具五美”，生活·读书·新知三联书店，2003年。

淀，它述说审美的演进、制作工艺的发展，它蓄积时间的沉淀，经历时代的坎坷，正是这些不可分割的历史和文化因素组成了它的美。我们怎么可以无视历史和文化而只关注它木材的贵贱呢？我们怎么可以只论木材的商业价值高低而不顾其艺术价值呢？也许我们都无法摆脱历史和文化的局限，但我们应该更多地反省自己，走出唯木材论的误区，尽力做到尊重历史、文化和艺术，而不是将经济价值放在首位。

“明式家具”概念还存在另一个问题。既然“明式”是一个风格的定义，那么“明式”到底包含哪些风格？“明式”是指明代的风格式样，王世襄先生在《明式家具研究》中说还包括清早期家具。[1] 这是从明代往后看，如果往前追溯的话，明代以前风格的家具能否还称“明式家具”？也就是说，当我们能够确定一件家具在年代上是明代的，那它的风格就一定是明代的吗？正如清早期一些家具的风格是明代风格的延续，明代家具的风格也可能是明代以前风格的延续。我们可以从宋、元的绘画甚至更早如五代墓室壁画中发现当时已有的家具样式，如刀子牙板书桌、方桌（图5、图6）、宝剑腿方桌（图3、图7、图8）、弓字枨双牵脚档方桌、束腰抱肩榫踮足画桌等。那么，我们为什么不可以用“宋式家具”或者“元式家具”来命名一些具有宋、元风格的明代家具，而把这些家具统统叫作“明式家具”呢？中国家具历史悠久，有些家具的式样早在唐代就有了，如壶门式榻腿的做法（图4），而且随时代不断变化。如

图8　南宋《张胜温画梵像》（局部）里描绘的连牙板宝剑腿方桌（台北故宫博物院藏）

1. 王世襄：《明式家具研究》，“明式家具的品与病”第五品、第七品、第十四品和第二、四、五、八病均为“明或清前”或“清前期”，194、195、197、199、200页。

果静下心来仔细看一些明式家具，我们可以发现它们具有以前朝代一些家具风格——包括唐代家具风格的影子。所以，明式并非就是简单的明代风格，而是有其历史的渊深博大，是各代风格的继续、演变和发展。

王世襄先生在晚年认识到了这个问题。当他85岁时惊奇地看到一些与黄花梨家具几乎没有差别的白木（杂木）家具，如一件槐木小翘头案桌，以及看到了与出土的辽代木床风格有紧密联系的明代扶手木床时，明确地说："明式家具在南宋已经确立，随后元代和明代的工匠保持了宋代的风格。"[1] 对于黄花梨明式家具，王世襄先生做了深刻的反思。当有人用"曾经沧海难为水"来形容他一辈子研究黄花梨家具时，他回答说："如果中国古代家具是大海，明式黄花梨家具就是其中的一滴水。"[2] 这对于一个85岁的老学者来说是难能可贵的。可惜王世襄先生说的这些话是在其英文著作中，估计没有多少人读到。由于研究上的诸多困难，问题的日积月累，艺术史普及不够等诸多原因，这个课题所面对的问题一直没有很好地解决，但愿随着古家具研究的深入而得到解决。

1. Curtis Evarts, *C. L. Ma Collection: Traditional Chinese Furniture from the Greater Shanxi Region*, 1999, pp.9, 11, 13-15.
2. Ibid.

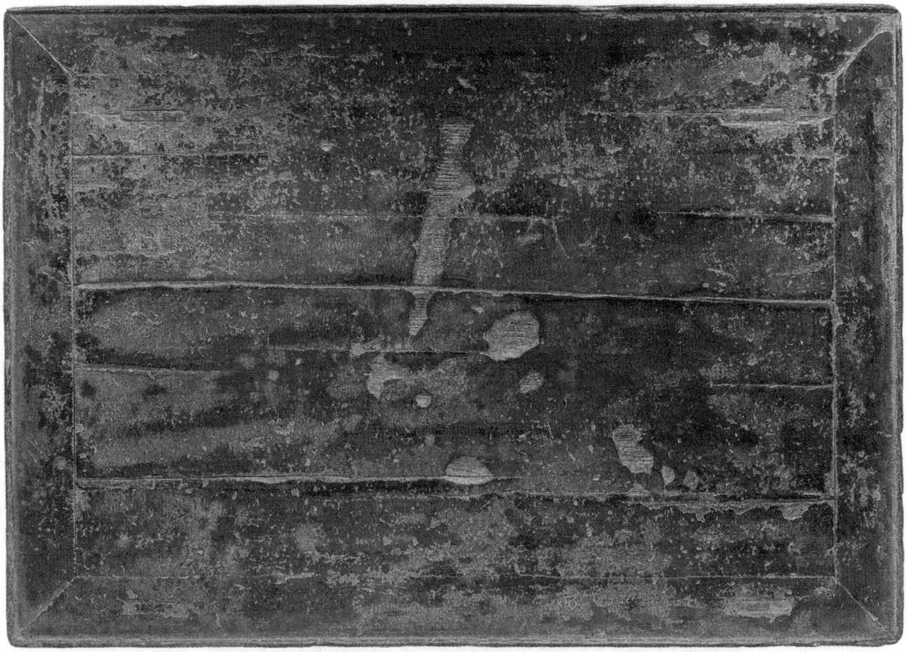

图9　朱漆宝剑腿画案（案面）。松木，116.5厘米长，81.5厘米宽，85厘米高（刘山藏，张召摄）

二、西方著作里的白木和白木家具

可能由于我们与自己的传统离得太近，有太多的情感而无法看清问题，反而是西方学者看到了一些我们看不到的问题。中国古典家具研究专家柯惕思（Curtis Evarts）这样描写一次令他惊讶的经历："最近我与一位藏有重要中国家具的博物馆馆长见面，我激动地向他描述我最近看到的一件早期榆木大漆家具，但我的热情迅速地被他回的一句话'哦，那是乡下的家具'扑灭。"[1] 这是柯惕思20多年前的经历。

再早一年（1998年），美国旧金山亚洲艺术博物馆举办了一场中国古典家具展。这个展览一共展出37件木质家具和5件木质书箱、提盒等小件用具。其中除了两件漆器家具（木质不明，应该不是硬木）、一件红木家具和一件樱木家具以外，其余都是清一色的黄花梨。尽管黄花梨家具的数量在此次展览中有压倒性优势，著名收藏家、学者安思远在为展览画册写的序中却说："有趣的是，明代木工手册《鲁班经》中并没有提到现在备受追捧的硬木——紫檀、黄花梨和鸡翅木。"[2] 我们从安思远的注释中得知，他是从六年前（1992年）出版的克拉

1. 英文原文为："Oh，that's just country furniture." Curtis Evarts，*C. L. Ma Collection: Traditional Chinese Furniture from the Greater Shanxi Region*，1999，p. 19.

2. Robert H. Ellsworth, *Essence of Style: Chinese Furniture of Late Ming and Early Qing Dynasties*，Asian Art Museum of San Francisco，1998，p. 8.

斯·鲁伊滕贝克（Klaas Ruitenbeek）的著作《15世纪木工手册〈鲁班经〉研究》（*Carpentry and Building in Late Imperial China: A Study of the Fifteenth-Century Carpenter's Manual: Lu Banjing*）中看到《鲁班经》里关于木材的内容的。[1] 安思远这篇序是他的专著《中国家具——明和清早期硬木家具范例》出版27年后写的，此时他对明清家具的木材有了更深的认识。

安思远继续写道："今后明清家具再也不只限于西方收藏家认为'王者'木材的黄花梨家具，或是中国人喜爱的紫檀制作的家具、乐器和文人用具。我相信，随着（木材）知识的增长，樟木、榆木、杉木和果木等家具最终会获得与现在硬木家具一样的尊敬。显而易见，木材不能单独确立美和价值，有眼光的藏家是在买家具而不是木材。"[2] 安思远说这些话后时间又过去了20多年，他本人也离我们远去，可是黄花梨、紫檀等贵重木材一统明清家具天下的状况并没有得到多少改善，人们对白木的偏见和歧视并没有消除。[3]

安思远的文章让我们了解到，西方人知道在传统上中国人心目中最高贵的木材是紫檀。黄花梨虽然也很贵重，但从前在中国人眼里却位于紫檀之下。黄花梨后来居上，受欢迎的程度猛增而超越了紫檀，成为家具木材的"王者"，其原因始于西方人的喜爱和追捧。不过，这也经历了一个很长的过程。西方接触并喜爱中国家具从十七八世纪，甚至更早就开始了，[4] 但那时候受追捧的中国家具不是今天如日中天的原木制家具，而是

1. Robert H. Ellsworth, *Essence of Style: Chinese Furniture of Late Ming and Early Qing Dynasties*, Asian Art Museum of San Francisco, 1998, p. 13.

2. Ibid., p. 9.

3. 安思远自己收藏的一套四件的明17世纪黄花梨圈椅在他身后以968.5万美元成交，看来要实现他的预见还非常遥远。

4. John Andrews, *Antique Furniture*, London: Antique Collector's Club, 1997, pp.120-28.

图10-1 奥第朗·罗奇(Odilon Roche)的《中国家具》(Les Meubles de la Chine)1921年出版，是西方出版的第一本中国家具的书。图为书中的大漆餐柜(Bahut En Bois Laque)

被称为“新瓦斯瑞”(Chinoiserie)中国风格的漆器家具。西方最早出版的有关中国家具的书——法国学者奥第朗·罗奇(Odilon Roche)所著的《中国家具》(*Les Meubles de la Chine*，1921年)讲述的便是这类家具(图10-1、10-2)，它们上面有金漆绘、漆雕，有时还有螺钿嵌饰。工匠们手绘或贝嵌中国传统图案，如山水、人物、花鸟等，这对于西方人来说是十足的东方异国情调，因此风靡一时。西方各国竞相模仿制作(图12-1、12-2)。[1] 这些漆器家具的木质基本上均为白木而不是黄花梨、紫檀。

1944年以前西方人不了解中国的非大漆家具，德国学者艾克《中国花梨家具图考》一书的出版改变了这种情况，第一次将中国原木家具介绍到西方。艾克在介绍家具木材(Cabinet Wood)一章的开头援引了鲁道夫·赫默尔(Rudolf Hommel)《中国工艺》(*China at Work*)一书对家具木材的描述：“(在中国)我们发现很多种类的硬木，有一些是本地生长的，更多的是从南亚进口的，被用来制作家具。”[2] 艾克本人没有做木材及木材与家具关系的研究，而是把注意力集中在弄清这些木材的拉丁文学名上。西方人无法用中国传统的木材名称，如紫檀、花梨来确定具体木材的种类，这些对他们来说都是木材的商业名称(Trade Name)，而拉丁学名才是科学、准确的木材名称。

艾克在书里只讲到了四种制作家具的木材，它们排列的次序为紫檀、花梨、红木和鸡翅木。艾克把

1. John Andrews, *Antique Furniture*, London: Antique Collector's Club, 1997, pp.120-28.
2. Gustav Ecke, *Chinese Domestic Furniture*, weizhi, 1944, p.22.

图10-2 《中国家具》中的大漆餐柜右门上半部分山水图案局部

1. Gustav Ecke, *Chinese Domestic Furniture*, weizhi, 1944, p.21.
2. Ibid., p.23.
3. Ibid., p.39.
4. Ibid., pp.96, 108, 109, 153.
5. 艾克在致谢中提到，他的书的中文名是杨宗翰教授亲自书法题写（翻译）的。由此可看出中国人和西方人对家具的理解不同，中国人比西方人更重视家具的木材。

紫檀放在首位，并指出："中国人一致认为紫檀是最尊贵的木材。"[1] 紧接着的是花梨。艾克说，在宋代甚至更早，直到清代，花梨木都是制作家具的用材。[2] 不知艾克说的宋代用花梨做家具是根据哪些历史文献，他没有给出注释。艾克说红木是紫檀的亚种（sub-species of Pterocarpus idicus），是乾隆时期的家具木材。他还提到红木被当时的海关出版物认定为相思木（Adenanthera pavonina）[3] 或是阔叶黄檀（Dalbergia latifolia）。由此可以看出，要确认中国古家具的木材是多么复杂和困难。艾克书中列举了122件家具，其中除了3件老花梨、3件紫檀、4件鸡翅木、2件红木、3件波斯松（箱盒类）、1件核桃木和2件漆器家具以外，其余104件家具均为黄花梨。[4] 而其中除了波斯松外都是硬木。波斯松虽然不是硬木，但也是进口木材。如果把它算作白木的话，那么艾克书里的白木与黄花梨、紫檀等硬木相比微乎其微，而整本书仅收入一件中国本土白木制作的家具。

我第一次看到艾克这本书的中文译名便觉得很奇怪，因为英文"domestic"是形容词，是"国内的""本国的""本土的"和"家庭的"意思，完全与"花梨"无关。后来看完书才明白，如果从木材角度出发，将书名翻译成《中国花梨家具图考》是符合这本书的内容的，[5] 因为书内介绍的家具绝大多数是黄花梨家具。由于这是第一本介绍中国原木家具的书，于是就让西方人接受了一个先入为主的木材观念，即中国的原木家具就是黄花梨、紫檀、红木和鸡翅木四种硬木制作的家具。尽管书中黄花梨家具占绝对多数，但艾克在叙述木材时把黄花梨放在紫檀后面；他还是非常尊重中国传统的木材排列顺序的。

艾克的《中国花梨家具图考》出版后仅四年（1948年），美国学者凯茨出版了他的专著《中国日用家具》。凯茨在书里提到，据他所知，中国做家具的木材可能有20多种，[1]但实际描述的是13种，比艾克多了9种。在木材的排列顺序上，他首次把花梨放在第一位。与艾克一样，凯茨提到，花梨有新老之分，其中黄颜色的花梨即黄花梨为最佳木材。第二位是红木，接下来才是紫檀。他还提到金丝紫檀，并指明是紫檀的从属木种。他也提了中国人在传统上更看重紫檀，这说明他非常了解紫檀在当时中国人心目中的地位，但这并没有影响他对以紫檀为首的木材排列顺序的重新洗牌。从凯茨开始，黄花梨开始登上"王者"的宝座。半个多世纪过去了，现在中国人自己也接受了以黄花梨为首位，接下来是紫檀及其他木材的排列顺序。

凯茨提到的硬木还有乌木、鸡翅木，但众多白木进入了凯茨的视野，如楠木、榆木、樟木、柏木、香杉木（Hsiang Sha Mu）、梨木、椿木（Cedrela sinensis）、槐木、桦木、楸木或梓木（Catalpa kaempferi or Catalpa bungei）。他还提到，楸木或梓木只是用在橱的侧面、顶部或底部。凯茨在选择家具时涉及的木材范围比艾克广；他书中收集的112件家具中黄花梨刚过一半，为

图11　半案式太极柜。果木，61厘米宽，27.2厘米深，76.5厘米高（刘山藏，张召摄）

1. George N. Kates, *Chinese Household Furniture*, Dover Publications, 1962, p. 23.

图12-1　18世纪早期西班牙中国风格金漆橱（Iberian laquer）。橱门局部详见图12-2（右图）

58件，[1] 其他硬木家具为红木17件，鸡翅木9件，紫檀仅1件。关键是凯茨选了10件楠木，6件榆木，还有11件各类非硬木，如柏木、桦木和樟木等白木家具，因此硬木与白木的比例为85：27。[2] 而艾克书中这一比例仅为116：6，即黄花梨104件，其他硬木12件，白木仅6件（实际上还要少，因为白木仅为箱盒类，没有桌、椅、橱等常规家具），所以，凯茨的书是一个飞跃和突破。重要的是凯茨还提出了一个新的木材概念——“次要木材”（lesser wood），后来演变成“二等木材”（secondary wood）。二等木材或次要木材具体就是指黄花梨、红木、紫檀、铁力木、鸡翅木等贵重木材以外的白木，包括楠木、榆木、柏木、樟木、楸木等。这是西方人第一次将中国家具的木材做等级划分。从表面上看这是木材的归类，但这个归类隐含价值的分类。凯茨所述木材的范围比艾克的扩大很多，他似乎更尊重中国家具的实际情况，弥补了艾克的不足，但凯茨还是遵循艾克对木材进行排序的立场，以贵重木材为首，并做了排列上的调整，使之明确无误。之后安思远和王世襄先生的木材划分也是基于这个立场。王世襄先生用的分类名称有所不同，不是二等木材或次要木材，而是硬木与非硬木，从字面上看没有等级之分，但实质还是艾克、凯茨等西方学者木材观的延续。

凯茨除了将黄花梨为首的硬木家具作为其书的主要对象，并对木材重新排序之外，他还提出了一个中国原来没有，从西方舶来的家具等级概念——“地方家具”

1. 其中23件是艾克收藏的黄花梨家具。书中共收入艾克藏的家具25件。参阅George N. Kates, *Chinese Household Furniture*, pp. 65-122。

2. George N. Kates, *Chinese Household Furniture*, pp.65-122.

（Provincial Furniture）。尽管如此，他毕竟还是将白木家具作为中国家具的一部分来对待。凯茨非常清楚中国家具因木材而有等级之分，他在书中写道："我特意选择了一些由不是那么'高贵'（noble）的木材制作的家具，目的是想让大家对中国木制家具有一个更全面的认识。"[1] 在这一点上凯茨与艾克非常不同，他的《中国日用家具》里收入一件老榆木立柜，那是艾克的收藏，但艾克自己没有把它写进书里。因此，我们可以推断，无论是什么原因，艾克有意识地将白木家具排除在黄花梨等贵重木材家具之外，不然，他虽收藏榆木家具（或许还有其他的白木家具），但为什么在书里只字不提？他知道中国有很多制作家具的木材，但只介绍了四种硬木。凯茨则不但介绍了多种白木，而且将艾克收藏但没有写进书里的榆木立柜放进了自己的书里。

图12-2　西班牙金漆橱的橱门与抽屉上面的绘金图案（局部）。当时很多橱门板是在中国绘制后出口，再与当地制作的橱身组装起来。这件橱全部都是当地制作的，橱门及抽屉图案均为模仿中国漆器家具上的山水图案

凯茨的《中国日用家具》出版之后，西方学术界对中国家具的讨论似乎沉寂了下来，直到23年后（1971年），另一本影响巨大的研究中国古典家具的专著问世了。作者为罗伯特·哈特菲尔特·埃尔斯沃斯（Robert Hatfield Ellsworth），书名为《中国家具——明和清早期硬木家具范例》。这本书较艾克和凯茨的书在家具断代等方面的论述更为详细，还增加了关于家具榫卯结构和修复的专门章节，而艾克和凯茨在这些方面都没做论述。

罗伯特的中文名是安思远，一个我们中国人非常熟悉的名字。他在书里就木材专辟一章，章名是："已知中国家具所用的木材"（*Woods Known to Have Been Used*

1. George N. Kates，*Chinese Household Furniture*，p.22.

in Chinese Furniture)，里面一共提到了35种木材(不包括竹和椰壳)，比艾克和凯茨提到的加在一起都多，比晚它十几年出版的王世襄的《明式家具研究》里列举的17种木材也还多出一倍。有意思的是，安思远做了新的木材排列：黄花梨在首位，然后是红木，再是老花梨，紫檀的位置落到了第四。仔细看，他的排列还是根据凯茨的顺序而来的。尽管安思远提到的木材数量众多，但他没有提到铁力木、榉木、银杏木等中国古家具制作的重要木材，而且具体木材的名称上也有误。可能是中国文字比较复杂，安思远将鸡翅木和瀏鶒（木）分为两种木材。他认为鸡翅木是还没有被确定的一种豆科类植物（Leguminosae Family），但艾克和凯茨都认定鸡翅木就是铁刀木（Cassia siamea lam）。[1]安思远写到瀏鶒木时说："英文名不明"。[2] 考虑到安思远的书出版时中美还没有建交，他能查阅到那么多中国家具木材资料已实属不易了。

1.也是《红木国家标准（GB/T18107-2000）》里规定的鸡翅木树种。

2. Robert H. Ellsworth，*Chinese Furniture—Hardwood Examples of the Ming and Early Qing Dynasties*，New York: Randow House，1971，p. 44.

安思远列出的木材种类最多，而且写明这些木材都是已知家具所用的木材，可是他在书里列举的家具还是以黄花梨为主。《中国家具——明和清早期硬木家具范例》一书共收入154件家具，其中黄花梨108件，占压倒性多数。其他硬木分别是：红木15件（其中1件红木柜子背、侧面的板为榉木），老花梨6件，紫檀9件，鸡翅木5件。这样包括黄花梨在内的硬木家具一共是143件。而白木的一共只有12件，它们是：楠木4件，榆木2件，黄杨木1件，樟木3件（其中1件案桌桌面为红木），1件漆器及1件木质不明的家具。因此，硬木和白木的比例是143：12。

为什么艾克认为中国本土家具就是黄花梨、紫檀为主的硬木家具？为什么凯莰要把楠木、榆木、樟木等白木列为次要木材？是什么原因使安思远提到那么多种类的木材而他书里收入的尽是黄花梨、紫檀、红木等硬木家具？客观上可能是源于他们所处的时代和环境的局限：艾克和凯莰等西方人于20世纪三四十年代住在北京[1]——清代故都的所在地。那个时期正值中国战乱频仍，许多富裕的中国人（包括清朝贵族）将他们的家具变卖给西方人。这些家具大都是名贵木材而少有白木家具。还有，艾克和凯莰因大部分时间居住在北京而没有去过苏州，[2] 他们看到的大都是京城的家具。其中也许有“苏作”家具，但大都也是木材名贵及式样、尺寸根据北方要求制作的，他们很少有机会见到原汁原味的“苏作”白木家具。另外一个重要的原因是艾克、凯莰等西方人是从中国人那里获得相关家具的信息，自然也包括家具木材的信息；当时北京的古董商及卖家将中国人自己对木材的偏见不经意地传递给了西方人，然后通过西方人的写作使木材等级观念扩散至全世界，反过来再影响中国人自己。

具体地说，艾克、凯莰和其他西方人当时收藏的中国家具大都是贵重木材制作的家具，而且他们的大部分收藏最终运去了海外。据说凯莰书里所列的112件家具全部被卖到海外。[3] 除了西方人，一些1949年前逃离

1 艾克在中国期间（1923—1949）主要是在福州和北京两地。参见en.wikipedia.org/wiki/Gustav_Ecke。凯莰在中国期间（1923—1941）居住在北京，他的自传《愉快的年月——北京：1933—1940》（*The Years That Were Fat—Beijing: 1933-1940*）于1940年出版。安思远访问中国是在中美建交后，而他的著作出版于建交之前（1971年）。

2. 艾克在福建教书五年（1923—1928），那时他的兴趣是古建筑，他写了《泉州双塔——中国晚近佛教雕塑研究》（*The Twin Pagodas of Zayton—A Study of Later Buddhist Sculpture in China*）。

3. 谭向东：《存世的明清黄花梨紫檀家具究竟有多少》。此篇提到凯莰书中112件家具被当时旧金山的两家公司买走并在海运中沉入海底。但谭先生后来又发现了同一件家具，所以他认为不是所有家具都遇难了。笔者同意谭先生的猜测，因为这112件是包括一位中国古董商和23位西方收藏家的家具，其中艾克收藏的就有25件，不太可能在同一时间一起被两家公司买走。

的中国富人也将他们的一些家具运往国外，那些家具基本上都是名贵木材家具。所以在20世纪80年代改革开放之前，西方能看到的中国家具几乎都是名贵木材的家具。这也说明安思远虽然没有在北京居住过，但他接触到的家具大都是中国运去海外的那些名贵木材家具，所以他书里收入那么多黄花梨家具就很自然了。西方人不仅收藏并研究中国古典家具，而且把它们推向市场。早在1958年，纽约当时最大的拍卖公司帕克&伯纳德拍卖行[1]举行过一次中国和泰国古艺术品拍卖，所有的拍品都来自当时纽约最大的东方古董商、安思远的老师和雇主爱丽丝·博妮（Alice Boney）女士，其中有50多件中国家具。到了80年代中期，中国家具价格在西方拍卖行达到了历史新高，同时由于中国的改革开放，中国古典家具开始涌向海外，其中包括大量白木家具。由于当时白木家具很便宜，而美国人非常喜欢外来文化和艺术品，因此，这些具有东方特色的白木家具飞快地进入了美国人的家居。这就说明了为什么西方接触白木家具远比黄花梨等贵重木材家具要晚。

1. 1939年由海兰姆·帕克（Hiram H. Parke）和奥拓·伯纳德（Otto Bernet）共同创办，1964年被苏富比收购。

在西方，在相当长的一段时间里，中国古家具先由个人收藏家收藏，一部分随着时间推移逐渐以捐赠的方式转由博物馆收藏，再由博物馆展出：一方面让广大西方观众欣赏中国古家具之美，一方面由学者对博物馆家具藏品进行研究。他们的这些工作促使了家具学术研究的建立和深化。另一部分中国古家具流入市场循环，创造了价值，受到国际范围内的关注，最终也为中国人对自己的古家具前所未有的关心打下了基础。尽管如此，西方学者对中国古家具的认识还是存在很多错误和偏差，比如以黄花梨为首的木材高低贵贱顺序的提出和学术化，将硬木以外的木材归类为次要或二等木材，以及“地方家具”等级偏见等，无不对中国古家具学术研究乃至广大收藏群体产生深远的影响。简而言之，学术研究里白木家具偏见最早由西方学者开始（有受中国民间木材偏见的间接影响），中国学者后来居上，最终形成“放之四海而皆准”的共识。这确实值得我们深思。

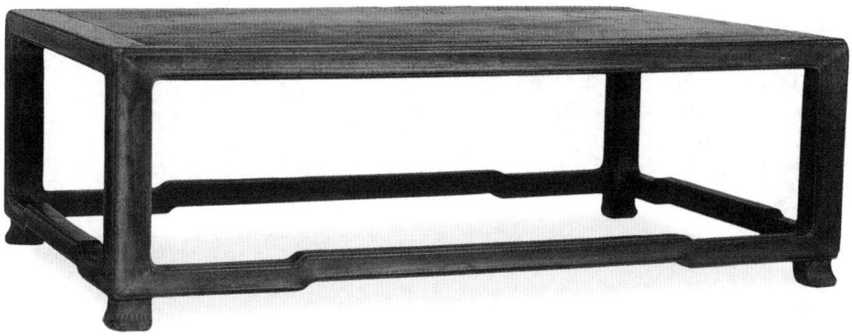

图13　弓字枨矮桌。榉木，83厘米长，49厘米宽，26.8厘米高（刘山藏，张召摄）

三、白木的贵与贱

制作家具的中国本土木材（树种）繁多，历史漫长而名称复杂。外来木材（批量进口）的时间相对较短——但从明代中期算起也有400多年的历史，它们品种不多，名称也就相对简单。中国本土木材名称复杂往往是由于一种木材传统上常会有多个名称，不少木材名称有典故或其他含义。这还反映了中国文化底蕴深厚、偏宏观、善归纳等特点，但也造成木材名称错综复杂和具有模糊性，比如根据颜色命名的木材——红木。红木泛指一大批颜色偏红偏深、木质坚硬的木材。根据2000年国家颁布的《红木国家标准》，红木包括紫檀、花梨、酸枝、乌木、鸡翅木等共5属8类33个品种（现为29个品种），其中紫檀、乌木等也都是以木材的颜色命名。白木的范围更广，是更大一批树种各异、颜色偏淡木材的统称。由于白木市场价格远低于红木，所以国家没有设置标准。除了颜色之外，还有的根据木纹命名，如细木、文木、虎斑木等。更有带贵贱色彩的木材名称，如杂木、柴木。杂木，顾名思义是杂七杂八的木材，但具体是哪些木材很难确定。柴木是木材等级系统里最低下的木材，也是一些老北京人对白木的称呼。[1] 他们认为红木之外的木材不好，只配用作劈柴烧火。这是一个充满偏见和歧视的木材名称，但在一些老北京人看来，木材就分两种：红木——高贵木材，以及除此之外的低贱的柴木。

和众多木材名称一样，柴木不是某一种木材。它最早出自《墨子·备城门》："疏束树木，令足以为柴抟……以柴木土稍杜之。"墨子是在讲述城池防御的一种方法：将一些疏松的木枝捆在一起，然后涂上泥土做成柴抟，堵在城门上。所以古代人说的柴木应该是小树枝、小树干一类的木头，也可以说不管什么树的小枝小干都可以叫作柴木。现在一些偏远山区可能还在用柴木来煮饭烧菜。"柴木"这一名称本身没有褒贬，但清朝贵族认为它是一类低贱的木材。北京为清宫廷所在地，是清朝贵族集中的地方，有些老北京本来就是清朝贵族的后裔，或受到贵族价值观念的影响亦不足为奇。但居然有学者将"柴木"作为一个指称中等硬性木材的名称，[2] 不知为什么不直接称这些木材为"中硬度木材"，而称它们为"柴木"，这使得本来就非常混乱的木材名称乱上加乱。

中国古代文献中有大量关于木材的记录和描述，有我们熟悉的硬木如紫檀、花梨、铁力木、鸂鶒木等，其中紫檀早在公元3世纪就有记录。[3] 也有不少我们不太熟悉的木材，如苏枋木[4]、翳木[5]、虎斑木[6]、赤水木[7]等。由于这些木材的名称今天已不再使用，以致我们无法确

1. 王世襄：《明式家具研究》，"文字卷"，144页。
2. 李宗山：《中国家具史图说》，湖北美术出版社，2001年。
3.（晋）崔豹：《古今注》。
4. 崔豹在《古今注》中描述其为："苏枋木，出扶南、林邑外国，取细破，煮之以染色。"
5. 崔豹在《古今注》中描述其为："翳木出交州，色黑而有纹，亦谓之乌纹木也。"
6.（明）曹昭：《格古要论》，"异木论"。曹昭描述其为："出海南，其纹理似虎斑，故谓之虎斑木。"
7. 同上。曹昭描述其为："色赤，纹理细，性稍坚且脆，极滑净。"

定这些是什么木材。还有大量我们今天称之为白木的木材，如楠木、樟木、杉木、柏木、榆木、楸木、桐木、梓木、杏木等，但没有名称为“白木”的木材。宋代有一则例子，诗人陆游在他的《老学庵笔记》里提到了白木：“高宗在徽宗服中，用白木御椅子。钱大主入觐，见之，曰：‘此檀香椅子耶？’张婕妤掩口笑曰：‘禁中用胭脂皂荚多，相公已有语，更敢用檀香作椅子耶？’”[1]虽然我们无法知道陆游说的白木具体是哪种木材，但从陆游的这段文字看，可能是当时一种不太名贵的被称为“白木”的浅色木材。陆游提到的“檀香”，颜色一定也很淡，可能是白檀，所以容易与其他颜色淡的普通木材（白木）混淆。宋陈敬的《陈氏香谱》说：“《本草拾遗》云：‘檀香，其种有三：曰白，曰紫，曰黄。白檀树出海南，主心腹痛、霍乱、中恶、鬼气、杀虫。’”[2]白檀出于海南，黄檀、紫檀则出于三佛齐（7—13世纪地处苏门答腊岛的古国），[3]说明当时的这些檀香木都是进口的极珍贵的木材，而且都是药用，量很小，所以不是用来做家具的木材。宋徽宗赵佶的《宣和宫词》有诗曰：“白檀象戏小盘平，牙子金书字更明。”说明皇帝才有资格用白檀做棋盘，同时证实当时白檀非常贵重。陆游和赵佶的这些文字确凿无疑地证明了宋代木材有高低贵贱之分。

木材的贵贱之分在中国的历史上要远早于宋朝。由于中国历史久远，不同历史时期和不同地域的木材的贵贱之分也会有所不同。中国自古重丧葬，所以从远古丧

1.（宋）陆游：《老学庵笔记》，卷一。

2.《陈氏香谱》中多处引用北宋叶廷珪《南蕃香录》（今已不存），但叶廷珪只说到黄檀和紫檀，而没提白檀。

3.《陈氏香谱》转引：“叶廷珪云檀香出三佛齐国……皮在而色黄者谓之黄檀，皮腐而色紫者谓之紫檀。”看来黄檀与紫檀可能是同一种木材——紫檀则是时间久树皮腐烂颜色变深所致。

葬用木就可大致看出木材的贵贱。《礼记·丧大记》记载："君松椁，大夫柏椁，士杂木椁。"唐孔颖达在《礼记注疏》里是这样解释的："士杂木椁者，士卑，不得同君，故用杂木也。"《礼记》收录的文章是孔子的学生及战国时期儒家学者所编著，看来当时最高贵的木材就是松木，然后是柏木，故松木葬君，柏木葬大夫。孔子曰："岁寒，然后知松柏之后凋也。"在严寒的冬天里，松树和柏树照样挺拔昂立，郁郁葱葱。因此，松、柏有精神高贵的象征和含义。作为一个木材的概念，远古的"杂木"指非高贵的木材，它的含义与现在的白木有点像，是低等的木材。虽然我们无法弄清《礼记·丧大记》里说的"杂木"到底是哪些木，但这段话证明了远古时期木材已有贵贱等级。即便如此，木材的贵贱有时也要根据地域情况而定。清代学者李调元在他的《南越笔记》写到铁梨木时说："铁梨木理甚坚致，质初黄，用之则黑。黎山中人以为薪，至吴越间则重价购之。"[1] 黎山里的人把铁梨木当柴火烧，对他们来说铁梨木就是地地道道的柴木，而它在同时期的明代家具产地苏州却很贵重。毫无疑问，木材的高低贵贱皆人之所为也。

尽管古代木材已经有高低贵贱之分，可是我们现在称为"白木"的木材在古代并非低贱的木材，相反，有些木材非常贵重，如上面刚提到的松木和柏木。松木少有考古出土实物的佐证，但柏木还有楠木则有大量的发现。它们是西汉帝王陵墓葬形制中的"黄肠题凑"，[2] 如

1. 李调元曾任广东学政，《南越笔记》又名《粤东笔记》，是其在广东任上所作。此南越即为广东。

2. 黄肠题凑是春秋时期至汉朝时帝王以及一些勋臣贵戚的墓葬形式。"黄肠"指的是黄心的柏木；"题"指题头，即木材接近根部的一端；"凑"指向内聚合。黄肠题凑就是用黄心柏木在棺椁外垒叠起来，全部题头向内。参阅岳南、胡援：《乘龙升仙——汉墓中的精神世界》，搜狐网：https://m.sohu.com/a/20893365—119000，2015-07-01。

图14　北京大葆台汉墓的黄肠题凑（局部）（Yan Li 摄）

山东定陶西汉墓。此墓的墓主身份虽然无法确定，但与同时期其他墓葬比较，无疑是汉代诸侯王一级的。墓里的木椁墓室有黄肠（木条）共33418根，木材总量约2200立方米。从木材种类来看，除椁室顶的柱子为楠木及棺木为梓木之外，其余都是柏木。[1] 比它规模小很多的江苏高邮天山汉广陵王墓的棺木构造（黄肠题凑）为楠木，折合木材545.56立方米，北京大葆台西汉墓使用了约122立方米的柏木棺椁（图14），等等。[2]这说明在古代柏木、楠木和梓木都是贵重木材。

学者岳南、胡援认为："柏木是中国北方特有的上等名贵木材，材质优良，耐水湿，抗腐性强，有香味，可保护棺木不受损坏。同时，以成千上万根珍贵的柏木心材来堆垒成一道厚重的围墙，也是一种身份、等级和权势的象征。"[3]他们还指出："至西汉早期，大型椁墓已达2000座以上。森林采伐持续不断，生态环境势必

1. 山东省文物考古研究所，菏泽市文物管理处、定陶县文管处：《山东定陶灵圣湖汉墓》，《考古》，2012年第7期。
2. 胡杨：《历代帝陵全档案》，中国工人出版社，2014年。
3. 岳南、胡援：《乘龙升仙——汉墓中的精神世界》。

遭到大量破坏。当建造黄肠题凑墓所需的珍贵柏树被砍伐得所剩无几时，造墓者只好以其他树种代替。”[1] 早在1948年，西方学者凯茨在他的《中国日用家具》中已经提道：“全中国范围内的毁林运动已经历了许多世纪，甚至在明代大量进口海外木材的时候也如此。”[2] 帝王贵族们穷奢极欲，为造陵墓无节制地砍伐柏木，使柏木资源枯竭，旋即转向楠木。幸亏东汉墓葬开始用砖石代替木材，不然，楠木将遭遇与柏木一样的命运。不过，黄肠题凑本身说明柏木、楠木等在当时都已经是贵重木材。

楠木作为中国古代的贵重木材贯穿整个中国的历史，直到清代还以楠木建造皇家宫殿[3]和制作宫廷家具。[4]在紫禁城内，象征皇权的最高等级家具就是楠木金漆龙纹宝座和屏风，那是皇帝专用的坐具。这说明楠木在历史上的地位远高于黄花梨、紫檀。楠木也是古代文献中提到次数最多的木材之一。杜甫把楠木喻作良材，[5]另一位唐代诗人史俊写过赞美楠木的《题巴州光福寺楠木》诗。元代文学家、史学家陶宗仪在他的《南村辍耕录》里颇为详细地描述楠木是元代宫廷建筑与家具的重要木材。他写道：“延春阁九间……阁上御榻二，柱廊中设小山屏床，皆楠木为之，而饰以金。寝殿楠木御榻，东夹紫檀御榻……香阁楠木寝床……文德殿在明晖外，又曰楠木殿，皆楠木为之。”[6]御榻是皇帝的专用坐卧具。小山屏床则是三面有山水屏风的床。[7]屏床的屏不是一般的屏，而是称为枕屏、围屏或直接称卧屏。御榻是皇帝专用的床，屏床和寝床则是除皇帝以外的贵

1. 岳南、胡援:《乘龙升仙——汉墓中的精神世界》。
2. George N. Kates，*Chinese Household Furniture*，p.19.
3.《钦定大清会典》记载:“凡修建宫殿所需物材，攻石炼灰皆于京西山麓，楠木采于湖南、福建、四川、广东。”
4. 光绪二年《崇敬殿佛堂陈设档案》记载:“光绪二年二月二十日起，陆续查得崇敬殿东佛堂:楠木金漆闹龙大龛一座，……楠木金漆闹龙龛一座，……楠木金漆小案一张。……崇敬殿西佛堂……楠木金漆闹龙大龛，……楠木金漆大案一张，……楠木金漆小案一张。”
5. 杜甫《楼上》诗:“恋阙劳肝肺，论材愧杞楠。”
6.（元）陶宗仪:《南村辍耕录》，卷二十一，“宫阙制度”。
7. 参见《韩熙载夜宴图》。

族都可以用的坐卧具。这些都是用楠木制作的，可见元代时楠木的贵重。

陶宗仪还提到了樟木："光天殿七间，……正殿缕金云龙樟木御榻。"[1]有的御榻也用樟木制作，说明樟木在当时也相当贵重。有意思的是他还提到了用紫檀建造殿堂："文思殿在大明寝殿东，三间，前后轩，东西三十五尺，深七十二尺。紫檀殿在大明寝殿西，制度如文思，皆以紫檀香木为之。"[2]这里提到的紫檀香木是否就是紫檀木有一定的疑问。元朝之前有记录的紫檀制品均为小件家具与其他器具，或是药用香料，[3]陶宗仪前面说到的紫檀御榻已经属于大件家具。传说忽必烈的宿卫（随身警卫）亦黑迷失从印度带回紫檀木，但他是在至元九年（1272年）起出使僧伽剌（斯里兰卡）及马八儿（印度东南）等东南亚国家，各国使者带着贡品随他回到元朝。但陶宗仪文章里所记的京师是至元四年（1267年）的正月，[4]南宋还没有灭亡，亦黑迷失也还没有开始他的出访，因此，即便他带回了紫檀也要晚于至元四年。再者，别说一个宽35尺、长72尺的殿堂，哪怕一件床（御榻）用的木料也不像其他贡品如药材那样容易携带，需要费时费工的长途搬运。故宫博物院研究馆馆员胡德生在其著作中写道："紫檀，乃至所有的硬木家具真正登上历史舞台，是在明代的万历年间开放海禁、来自东南亚的高档木材进入我国之后的事情。"[5]紫檀向来是药材，但也是各类器具包括家具的用材，如传说唐武则天用紫檀为她的鹦鹉做棺材，及现藏日本正仓

图15　女眷梳背椅。榉木，45.5厘米宽，36.5厘米深，80.5厘米高，44厘米座高（蒋奇谷藏，柴爱民摄）

1.（元）陶宗仪：《南村辍耕录》，卷二十一，"宫阙制度"。
2. 同上。
3.（宋）陈敬：《陈氏香谱》。
4.（元）陶宗仪：《南村辍耕录》，卷二十一，"宫阙制度"。
5.《胡德生解读明清两代紫檀家具》，https://finance.99.com/a/20120426/004992.htm。

院唐紫檀贴面双陆局（博戏用具）。紫檀在明代万历年间才开始大规模进口，除了陶宗仪的《南村辍耕录》提到，中国历史上从来没有用紫檀做建筑材料的记录。问题是，陶宗仪生于天历二年（1329年），是至元四年（1267年）之后的62年，因此，陶宗仪所记的京师宫殿并非他亲见，而是转抄他人的记录，所以陶宗仪转记的紫檀殿“皆以紫檀香木为之”可能有误，可能是指不同的木材。当然，陶宗仪关于宫廷楠木的记录也非他本人所见，不过，楠木是中国本土木材，材源充足，所以真实性和可靠性相对要大很多。

明代学者谷泰更是详细说到楠木有三个不同的品种：“楠木产豫章及湖广云贵诸郡，至高大，有长至数十丈，大至数十围者，锯开甚香。亦有数种，一曰开杨楠（即影子木）；一曰含丝楠，木色黄，灿如金丝最佳；一曰水楠，色微绿性柔为下。”[1]他还说明了楠木的几个用途并对楠木做了极高的评价：“今内宫及殿宇多选楠材坚大者为柱梁，亦可制各种器具，质理细腻可爱，为群木之长。”[2]这里提到的各种器具应该包括家具。说明楠木可以大材大用亦可大材小用，总之用途非常广泛。“为群木之长”是谷泰对楠木所下的定论，他对楠木的这句评语无疑证明了楠木在当时木材中的重要地位。

比谷泰更早的明代学者、地理学家王士性也有关于楠木的长篇大论。首先他说了楠木最为重要的用途：“天生楠木，似专供殿庭楹栋之用。”[3]然后他非常具体地描写了楠木树的外形以及特点：“凡木多囷轮盘屈，

1.（明）谷泰：《博物要览》，第十五卷，“纪各种异木”。
2. 同上。
3.（明）王士性：《广志绎》，卷四，“江南诸省”。

图16　弓字、人字双枨束腰香几（侧面）。榉木，66厘米长，34.5厘米宽，65厘米高（周骏巍藏，章一林摄）

枝叶扶疏，非杉、楠不能树树皆直，虽美杉亦皆下丰上锐，顶踵殊科，惟楠木十数丈余既高且直。又其木下不生枝，止到木巅方散于布叶，如撑伞然，根大二丈则顶亦二丈之亚，上下相齐，不甚大小，故生时躯貌虽恶，最中大厦尺度之用，非殿庭真不足以尽其材也。”[1] 自然界里的树大都弯曲而多枝叶，但楠木和杉木却笔直挺拔。杉木越到顶部越细小，但楠木上下粗细差别不大，所以“非殿庭真不足以尽其材也”。王士性接着说：“大者既备官家之采，其小者土商用以开板造船，载负至吴中则拆船板，吴中拆取以为他物料。力坚理腻，质轻性爽，不涩斧斤，最宜磨琢，故近日吴中器具皆用之，此名香楠。”[2] 王士性详细讲了楠木除了作为栋梁之外的其他用途，并告诉我们楠木的运输方法：先用楠木造船，等船开到目的地，也就是苏州，然后就拆船，将拆下来的板材做家具等器具。由于楠木味香，因此，颇受欢迎。关于楠木的木质，王士性说它坚韧且木纹细腻，又不很重，容易切割，木工工具都能很好地使用，因此，楠木非常适宜雕刻打磨。这还没有完，王士性又进一步讲楠木的木纹、楠木的不同名称及来由。他还告诉我们某一种楠木和它的产地：“又一种名斗柏楠，亦名豆瓣楠，剖削而水磨之，片片花纹，美者如画，其香特甚，爇之，亦沉速之次。又一种名瘿木，遍地皆花，如织锦然，多圆纹，浓淡可挹，香又过之。此皆聚于辰州。或云，此一楠也，树高根深，入地丈余，其老根旋花则为瘿木，其入地一节则为豆瓣楠，其在地上者则为

1.（明）王士性：《广志绎》，卷四，“江南诸省”。
2. 同上。

香楠。”[1] 通过王士性的这些文字，我们可以知道除香楠外还有一种楠木叫斗柏楠，也叫豆瓣楠。另外，还有一种叫瘿木。豆瓣楠的木纹极美，焚烧时散发出的香味仅次于沉香和速香。叫瘿木的楠木木纹像织锦一样漂亮，而且更加香，它仅出产于辰州（湖南）。不仅如此，王士性还提出另外一种说法，即豆瓣楠、香楠、瘿木可能就是一种楠木，它高大而根深；老根切面花纹美丽，为瘿木，泥土下面部分的木材为豆瓣楠，地上部分为香楠。如此详尽地描述一种木材的学者在古代很少见。

这一切足以说明楠木的名贵，而紫檀、黄花梨无论在明代或明代后都从未有过如此的待遇。不仅如此，成书于明初（1388年）的曹昭《格古要论》中有“异木论”一篇，里面有“骰柏楠”条：“出西蕃马湖，纹理纵横不直，其中有山水人物等花者价高，四川亦难得，又谓之骰子香楠。”曹昭对楠木的木纹描述极为详细：纹理纵横不直，不仅有山水，而且有人物。可惜没有绘图，我们无法知道具体的木纹图案。山水纹比较容易理解，因为不少木材有似山如水的木纹图案；人物可能是指像黄花梨木纹中的鬼脸。此外，文震亨在《长物志》中的“几榻”一篇里也提到楠木的三种名称：花楠、香楠和豆瓣楠。楠木在中国木材中名称最多，有开杨楠、含丝楠（包括金丝楠）、水楠、香楠、骰子香楠、骰柏楠、斗柏楠、豆瓣楠、瘿木、花楠。其中骰柏楠、斗柏楠和豆瓣楠写法虽然不同，但发音接近，可能是同一种楠木的不同写法。

图17　山西高平开化寺北宋壁画里坐在条凳上的纺织女。条凳长，所以纺织女可以左右移动，方便织布。条凳上还可放挑针、小刀等工具

1.（明）王士性：《广志绎》，卷四，“江南诸省”。

除了楠木以外还有许多木材在古文献中有记载，绝大部分是我们今天称之为白木的木材，如杉木、楸木、榆木、柏木、枣木、杏木、杨木、桐木、梓木等。这些木材用途广泛，在古代都被视为重要的木材。

北宋苏颂的《本草图经》原本是药材书，但也提到了杉木的用途："杉材，旧不载所出州土，今南中深山中多有之。木类松而劲直，叶附枝生，若刺针。《尔雅》云：'柀音彼，与杉同。'郭璞注云：'似松，生江南。可以为船及棺材，作柱埋之不腐也。'又人家常用作桶板，甚耐水。"[1]在短短几行字里，苏颂援引了中国最早的一部词典《尔雅》和郭璞对《尔雅》的注释。但苏颂有小误，他援引的杉与郭璞自己在《尔雅注疏》里的杉的木名有所不同。郭璞《尔雅注疏》里是这样说的："柀，煔。释曰：柀，一名煔，俗作杉。郭云：煔似松，生江南。可以为船及棺材，作柱埋之不腐。"[2]郭璞说与"衫"音同的是"煔"，即杉。而柀是榧，榧也叫野杉，是另外一种木材。元方回也提到杉木的用途及其可作为一项重要的家庭投资："厥土最宜杉，弥岭亘冈麓。种杉二十年，儿女婚嫁足。杉杪以樊圃，杉皮以覆屋。猪圈及牛栅，无不用杉木。"[3]看来杉木用途很广，无怪当时有很多人种杉树作为投资，因为种了杉树20年后女儿的嫁妆就不用愁了。所以，在宋代杉木是具有相当经济价值的木材。

与杉木相同的还有楸木。楸木在宋代也是用途广泛的木材，而且经济价值不菲。我们可以从苏轼《秧马

1.（宋）苏颂：《本草图经》，"木部下品"卷，"杉木"条。
2.（晋）郭璞：《尔雅注疏》，卷九，"释木"第十四。
3.（元）方回：《桐江续集》，卷十五，"沂江回溪三十里入婺源界"。

歌》一文中知道宋代的秧马（插秧凳）是用三四种不同的木材做成的："以榆枣为腹欲其滑，以楸桐为背欲其轻。"[1]这是说凳身用密度高和分量比较重的榆木和枣木制作，长时间浸泡在水里也不会膨胀，所以顺滑而移动方便。楸木、桐木轻巧，所以就做凳的靠背。古人极智慧，能物尽其用。北宋陆佃是这样描述楸木的："《释木》云：'大而皵楸，小而皵榎。'楸梧早脱，故楸谓之秋。楸，美木也。故曰：'山居千章之楸，其人与千户侯等。'"[2]他指出，楸木是尺寸大、树皮粗糙的木材，树皮粗糙但尺寸小的就是另外一种叫榎的木材。陆佃赞美楸木，按照他的说法，拥有千棵楸树的人就等于是一个千户侯，说明宋代楸木也是经济价值很高的木材。但楸木、松木、杉木、椴木等一起被从前老北京的木匠统统称为"杂木"或"柴木"。[3]可谓此一时彼一时矣。

中国古代木材的名称多而复杂，几乎每一种木材都有两个或两个以上的名字，如柏木："柏，一名椈。注《礼记》曰：'鬯臼以椈。'"[4]鬯是古代祭祀用的酒。这句话的意思是，酿酒舂米的臼是椈木（柏木）做的。梧桐也是一个比较复杂的木材名称。北魏贾思勰在他的《齐民要术》中说："梧桐：《尔雅》曰：'荣，桐木。'注云：'即梧桐也。'又曰：'榇，梧。'注云：'今梧桐。'是知荣、桐、榇、梧，皆梧桐也。桐叶花而不实者曰白桐。实而皮青者曰梧桐，按今人以其皮青，号曰'青桐'也。"[5]这里梧桐有荣、桐、榇、梧四个名字。而陆佃则认为"梧"是"榇"，也就是"梧桐"。他在

1.《苏轼诗集》卷三十八《禾谱》引子："予昔游武昌，见农夫皆骑秧马。以榆枣为腹欲其滑，以楸桐为背欲其轻。"

2.（宋）陆佃：《埤雅》，卷十四。

3. 王世襄：《明式家具研究》，"文字卷"，144页。

4.（晋）郭璞：《尔雅注疏》，卷九，"释木"第十四。

5.（北魏）贾思勰：《齐民要术》，卷五，"种槐柳楸梓梧柞"。

1.（宋）陆佃：《埤雅》，卷十四。
2. 同上。
3.（北魏）贾思勰：《齐民要术》，卷五，“种槐柳楸梓梧柞”。
4.（宋）陆佃：《埤雅》，卷十四。
5.（北魏）贾思勰：《齐民要术》，卷五，“种槐柳楸梓梧柞”。
6.（宋）陆佃：《埤雅》，卷十四。
7. 王世襄：《明式家具研究》，“文字卷”，141页。此后众多家具书籍、文章中均称鸡翅木为相思木。

《埤雅》里描述道：“梧，一名榇，即梧桐也。”[1] 榇就是古代的棺材，因为古人常用梧桐做棺材，所以榇成为梧桐的别称。陆佃接着说梧桐“华净妍雅，极为可爱，故多近斋阁种之。”[2]这里陆佃很明显抄了北魏贾思勰对梧桐的描述。贾思勰认为梧桐漂亮：“移植于厅斋之前，华净妍雅，极为可爱。”[3]但陆佃认为桐不是梧桐，而是贾思勰说的白桐：“此即白桐，华而不实。贾思勰曰：‘白桐无子。’”[4]这里陆佃还援引了贾思勰说的“白桐无子”。为了证明贾思勰说的“青桐”有子，而且“炒食甚美。味似菱芡”，[5] 陆佃亲自炒了尝吃，并云：“今炒其实，啖之味似菱芡。”[6]说明陆佃在木材的细节上非常认真，实事求是，还亲自炒食验证。贾思勰和陆佃两人都说白桐可做琴瑟。

相思木是一种名称极其复杂的木材，有类似“斑竹一枝千滴泪”的典故。远古时候相思木作为树木名称起初源于哀思，后又与红豆树相关联，但两者是不是同一树木，无法确定。现在相思木又成为鸡翅木的别称，[7] 但实际上相思木并非鸡翅木。称鸡翅木为相思木全然是一个错误。魏曹丕《列异传》有：“韩凭夫妻死，作梓，号曰相思树。”这里的“作梓”是在墓前种梓树的意思。晋干宝在《搜神记》里讲得非常详细。战国时期宋康王强夺韩凭之妻，韩凭夫妇双双殉情而死，但又不能葬在一起，于是“宿夕之间，便有大梓木生于二冢之端，旬日而大盈抱，屈体相就，根交于下，枝错于上。又有鸳鸯，雌雄各一，恒栖树上，晨夕不去，交颈悲鸣，音声感人。宋人哀之，遂号其木曰‘相思树’。相思之名，起于此也。”南朝任昉《述异记》卷上说：“昔战国时，魏国苦秦之难。尝有民从政戍秦，久不返，妻思而卒。既葬，冢上生木，枝叶皆向夫所在而倾，因谓之相思木。”虽然干宝和任昉说的国家不同，但时间都是战国，说明相思木的名字可能起源于战国时代。干宝说相思木是梓木，因为梓木本身就是用来做棺材的木材。梁武帝萧衍也有诗曰：“南有相思木，含情复同心。”[1]曹丕、干宝、任昉和萧衍说的相思木都与情感相连，但是，曹丕、干宝和任昉说的相思木是在北方，因为战国时期的宋国和魏国都是北方国家，而萧衍说的相思木生长在南方。曹丕、干宝都远早于萧衍，任昉也略早于萧衍，为什么到了萧衍这里相思木就成了南方的树？因为萧衍说的相思木可能是红豆树。唐代王维的著名诗句“红豆生南国，春来发几枝。愿君多采撷，此物最相思”，可以证明相思木生长的地点是南方。但所有这些文献都没有说相思木就是鸡翅木。明代范濂在《云间据目抄》中提到相思木，并把它归为与花梨、瘿木、乌木、黄杨木一类他称之为“细木”的木材。范濂说的“细木”，是指木质和木纹细腻的木材，但他并没有提到鸡翅木，更没说相思木就是鸡翅木。

称相思木为鸡翅木是王世襄先生最先提出的，而且有根有据。《明式家具研究》里是这样写的：“对鸂鶒木说得最详细的要数屈大均，他在‘海南文木’条中讲到有白质黑章的鸡翅木。又有色分黄紫，斜锯木纹呈细花

1.（梁）萧衍：《欢闻歌》之二。

图18　文徵明《丛桂斋图》（局部）中的画桌，参见本书四平面壶门踮足画桌（168—169页）（纽约大都会博物馆藏）

云，子为红豆，可作首饰，同时兼有‘相思木’之名的鸡翅木。”[1]屈大均是清早期的学者，他在《广东新语》第二十五卷“木语”章中专门写了一条“海南文木”。“海南文木”的“文”指的是木纹，所以“海南文木”是专门说海南有花纹木材的一个章节。屈大均先说了鸡翅木：“有曰鸡翅木，白质黑章如鸡翅，绝不生虫，其结瘿犹楠斗斑，号瘿子木。一名鸡刺，匠人车作素珠，泽以伽南之液，以给买者。”[2]接着屈大均又说了另外四种木材，然后才说到相思木：“有曰相思木，似槐似铁力，性甚耐土，大者斜锯之，有细花云，近皮数寸无之，有黄紫之分，亦曰鸡翅木，犹香椰之呼瀏鶒木，以文似也。”[3]请注意，屈大均这里说鸡翅木的黑白花纹像鸡翅，但说相思木像槐木又像铁力木，斜面剖开有细如云的花纹，而且有黄紫之分。这与鸡翅木的白质黑章完全不同，显然不是同一种木材。

要理解一个学者的观点，必须完整地读他的文章。屈大均没有说“相思木”就是“鸡翅木”，他是在说，仅因为木纹相像就称相思木为鸡翅木是不对的，犹如称香椰为鸡翅木一样。从“海南文木”整个章节看，屈大均在说了鸡翅木之后，又说虎翅木、苏方木、铁索木和香楠，[4]然后再说到相思木。如果鸡翅木和相思木是同一种木材的话，早就一起说了，而不会隔了那么多内容再说相思木。再有，屈大均对鸡翅木简明扼要的描述共57个字，但他写相思木则用了近四倍（213个字）的篇幅。屈大均在说了相思木的基本特征之后，立即指出不

1. 王世襄：《明式家具研究》，“文字卷”，141页。
2.（清）屈大均：《广东新语》，卷二十五，“木语”。王世襄将屈大均关于鸡翅木的这几段文字放在《明式家具研究》（“图版卷”，191页）里并注明出自康熙刊本。
3.（清）屈大均：《广东新语》，卷二十五，“木语”。
4. 同上。

要与鸡翅木混淆，然后开始大段描写：“花秋开，白色，二三月荚枯子老如珊瑚珠，初黄，久则半红半黑，每树有子数斛。售秦晋间，妇女以为首饰。马食之肥泽，谚曰：‘马食相思，一夕丰肥。马食红豆，腾骧在厩。’其树多连理枝，故名相思。唐诗：‘红豆生南国。’又曰：‘此物最相思。’邝露诗：‘上林供御多红豆，费尽相思不见君。’唐时常以进御，以藏龙脑，香不消减。”[1]从相思木的花期开始写，然后详细描述了花的颜色。干枯后的相思豆的颜色如珊瑚，但起初是黄色，等到第二年的二三月就发红发黑。他又说每棵树产的豆子很多，把它们卖到北方，妇女用来做首饰，还能喂马，马吃了在马棚里就想奔跑。屈大均还解释了为什么叫相思木，他援引王维的诗，但还嫌不够，又援引了邝露（明代诗人）的诗，然后再提红豆在唐代曾进御宫廷等。即便到此屈大均还不罢休，在“海南文木”后又专门写了“红豆”一长条，称红豆为“相思子”。关于相思木“似槐似铁力”的特征，他这次说得更清楚：“其叶如槐”，“其木本者，树大数围，结子肥硕可玩”。[2]并再一次援引王维的诗：“红豆生南国……此物最相思。”屈大均从头至尾没有说相思木有白质黑章的木纹，而说白质黑章是鸡翅木的木纹。

王世襄先生可能没有读通词条整句的意思而仅看了“亦曰鸡翅木”的字面意思。他更没理解紧接下来的一句：“犹香榔之呼瀏鶒木，以文似也。”“亦曰鸡翅木”的“亦曰”是“也有人称”的意思。屈大均这句话的意

1.（清）屈大均：《广东新语》，卷二十五，“木语”。
2. 同上。

思是，希望人们不要因为木纹相似而将相思木误认为鸡翅木。白话文就是："有人称相思木为鸡翅木，等于因为木纹相似称香榔为鸡翅木啊。"屈大均把香榔和鸡翅木对应作为例子，希望人们不要只看木纹就下结论。"木语"在"海南文木"条之前有54条各类花木，在此条之后又有22条各类花木。"海南文木"条之前的54条中有"槟榔"一条。关于槟榔的香味，他说"三四月花开绝香"，并且"入口则甘浆洋溢，香气熏蒸"。[1]他还介绍了槟榔的不同产地、不同品种、如何生长成熟及生熟味道之差别、食后身体感觉及海南人和广东的廉、钦、新会、西粤、高、雷、阳江、阳春等地方的人乃至越南人吃槟榔的不同方法。如此大段描写但没把槟榔放在"海南文木"条里，也没说槟榔是木材，更没描述槟榔的木纹，这一切都说明相思木与鸡翅木（鸂鶒木）风马牛不相及。

图19　绣墩。楠木，48厘米高，42厘米座面直径（刘山藏，张召摄）

无独有偶，安思远写鸡翅木条时没有提到相思木，但他却提醒道："木纹像豪猪黑白色的刺一般的棕榈树被误认为是鸡翅木。"[2]槟榔是棕榈科的一个种类，有可能安思远读过屈大均的"海南文木"，所以指出棕榈可能被误为鸡翅木，但他没做注释。艾克在描述鸡翅木时写道："鸡翅木是以木纹外观定名的，要鉴定植物学上的鸡翅木非常困难。"[3]他指出西方学者哈特利（Dr. H. Hattori）将鸡翅木鉴定为铁刀木（Cassia siamea），而中国学者Woo Yong Chun（中文名不详）则认为是红豆树（Ormosia hosiei），[4]王世襄先生也将红豆树作为

1.（清）屈大均：《广东新语》，卷二十五，"木语"。
2. Robert H. Ellsworth, *Chinese Furniture—Hardwood Examples of the Ming and Early Qing Dynasties*, p.54.
3. Gustav Ecke, *Chinese Domestic Furniture*, p.26.
4. Ibid., p. 39.

鸡翅木的树属，这可能是称鸡翅木为相思木的另一个原因。《红木国家标准》里鸡翅木为崖豆属，与铁刀木属的树种接近，但不是红豆树。王世襄先生引用古文献时可能有点粗心，他读过艾克和安思远的著作，但遗憾没做核证。鸡翅木和相思木在明清是两种不同的木材，而今天却成为一种木材。问题是，之后的学者们都人云亦云地转引，多年下来一个学术的错误几百遍、几千遍地重复、误传，竟成为真理和事实，不亦哀乎。

鸡翅木还有一个奇怪的名字，叫“杞梓木”，这又是一个令人啼笑皆非的错误木材名称。最早称鸡翅木为杞梓木的是艾克。《中国花梨家具图考》关于木材的一章里艾克先用韦氏音标Chi-ch'ih-mu，再用中文标明“鸡翅木”，然后加了括号，里面还是先写音标Ch'i-tzu-mu（请注意ch'ih与tzu不同），再用中文标出“杞梓木”。[1] 凯茨《中国日用家具》里木材名称都没标中文，他写了鸡翅木但没提杞梓木（也没提相思木）。安思远书中的所有木材都有中文名，但没“杞梓木”，也没“相思木”。他标明Chi-ch'ih-mu为鸡翅木，并写Chi-shu（没有mu）为鸂鶒木。他认为鸡翅木和鸂鶒木是两种不同的木材。杨耀先生在1942年发表的《中国明代室内装饰和家具》一文中提到明代家具的用材：“可以分大理石、螺钿、雕漆、推光漆、紫檀、黄花梨、红木、杞梓木、楠木、樟木等。”他是第一个提出“杞梓木”的人，但他没提鸡翅木，更没说杞梓木就是鸡翅木。对于这些用材的出处杨耀先生的注释是：“《随园记冢·记器物》

1. Gustav Ecke, *Chinese Domestic Furniture*, p. 39.

栏，仓山旧主校印，出版不详。”[1]这个注释没有解说具体木材，也没有说作者是谁，所以笔者查不到原书（从书名看像是随葬品记录文献）。杨耀先生与艾克是朋友，并与艾克一起绘制艾克书中的家具插图，很有可能艾克是从杨耀先生那里获知杞梓木这一名称的，但不知为何杞梓木成了鸡翅木的别称。王世襄先生之后在《明式家具研究》里也说：“鸂鶒木也有不同的写法，或作鸡翅木，或作杞梓木”。[2]与艾克提到“杞梓木”一样，王世襄先生也没有说明“或作杞梓木”的出处。古代关于木材的文献，如晋代崔豹的《古今注》，晋代郭璞的《尔雅注疏》，宋代陆佃的《埤雅》，到明代曹昭的《格古要论》里都没有提到杞梓木，特别是清代屈大均在“海南文木”里有鸡翅木一条，还提醒大家不要将其与相思木混淆。但他没提杞梓木，更没说杞梓木就是鸡翅木。

杞木和梓木是中国两种不同的古老木材。古代文献中将杞、梓放在一起来比喻人才，而不是有一种木材叫“杞梓木”。实际生活中不存在杞梓木，这完全是现代人发明的一个木材名词，与鸡翅木毫无关系。“杞梓（qǐ zǐ）”与“鸡翅（jī chì）”发音相似，艾克也许根据发音误称鸡翅木为“杞梓木”。一个西方人的学术失误，中国学人不加以考证就紧跟不舍，如此讹谬竟然堂而皇之地流传，实在令人遗憾。

杞木和梓木是古老而名称复杂的木材。中国历史上有一个自商朝到战国初年长达1000多年的以杞木命名的诸侯国——杞国。杞国有人担心天会塌下来，所以就有

1. 杨耀：《明式家具研究》，中国建筑工业出版社，2002年，19、24页。
2. 王世襄：《明式家具研究》，“文字卷”，141页。

了“杞人忧天”的成语。杞木和梓木早在春秋时期就有记载：“声子通使于晋，还如楚。令尹子木与之语，问晋故焉。且曰：‘晋大夫与楚孰贤？’对曰：‘晋卿不如楚。其大夫则贤，皆卿材也。如杞梓、皮革，自楚往也。虽楚有材，晋实用之。’”[1]说的是春秋时蔡人公孙归生（声子）出使晋国，回国途经楚国，楚令尹子木接见并询问有关晋国的人才情况。声子机智地回答：就像楚出产的杞木、梓木、皮革被运往晋国使用一样，楚国的人才最后也为晋国所任用（如析公、雍子、子灵、贲皇等）。这里杞、梓喻指优秀人才，但它们是两种不同的木材。西晋杜预的注释是：“杞、梓，皆木名。”[2]

宋陆佃在《埤雅》里对梓木做了详细描述。他一开头先说：“桥者，父道也；梓者，子道也。”[3]古代学者道德观念特别强，陆佃说木材之前还要先说一下木材的道德寓意。相比高大的树木（桥者），梓树可能生得比较矮小，所以被喻为“子道”。这样就符合君君、臣臣、父父、子子的传统道德观念了。梓木到底是什么木？陆佃是这样说的：“旧说椅即是梓，梓即是楸，盖楸之疏理而白色者为梓，梓实桐皮曰椅，其实两木大类同而小别也。”[4]陆佃告诉我们，从前的椅木就是梓木，而梓木就是楸木。他具体解释：楸木加工去皮之后木质为白色的就是梓木，如果梓木的皮像桐木的皮（可能是指青桐）一样，那就是椅木。他说两类木材大同小异，而实际上他说的是三种木材（椅、梓、楸）。可见陆佃的描述也不很准确。他根据木材颜色和树皮颜色进行鉴别

1.《左传·襄公二十六年》。
2.（晋）杜预：《春秋左氏经传集解》。
3.（宋）陆佃：《埤雅》，卷十四。
4.同上。

的方法看来也不可靠。但陆佃认为梓木是最好的木材：“今呼牡丹谓之花王，梓为木王，盖木莫良于梓。”[1]陆佃将梓木放在木材的第一位，称其为王，就像现在人们捧黄花梨为木王一样。因此，梓木自古至宋代一直是高贵木材。这从山东定陶高规格西汉墓的整个墓室为楠木和柏木，仅棺材为梓木可以得到佐证。接下来，陆佃又用描写椅木、梓木、楸木的所有文字加起来的两倍笔墨来阐述梓木的道德含义。他引经据典，特地提到了“梓材”和“梓人”。[2]陆佃说的“梓人”和“梓材”，指的是能做大工程的有大才能的木匠，是隐喻能够担当重任的栋梁之材。[3]

杞作为树木名称还指一个不同的灌木树种，即枸杞。郭璞在《尔雅注疏》中说：“杞一名枸机，郭云：‘今枸杞也。’”[4]他还指出：《诗经·小雅·四牡》云：“集于苞杞”，[5]并援引与他同时代的学者陆机对枸杞的描述：“陆机‘疏’云：‘一名苦杞，一名地骨。春生作羹茹微苦，其茎似莓子，秋熟正赤，茎叶及子服之轻身益气耳。’”[6]古老的苞杞的杞亦是枸杞的杞，但一定不是杞木的杞，因为灌木不能成材。杞到了西晋成为枸杞的简称，说明一个木材的名称有时随着时代而有变化。总而言之，木材里没有叫杞梓木的，鸡翅木又名杞梓木乃是无稽之谈。

古代文献中还有很多今天已不常见的木材，如榛、榃、樾、粉、椆、棋、椅、柘、檍、杭、栵、椵、榜等。中国凡是木字旁的字都与树木有关，很多字的字源

1.（宋）陆佃：《埤雅》，卷十四。

2.（宋）陆佃：《埤雅》卷十四“梓木”条：“故《书》以《梓材》名篇，《礼》以梓人名匠也。《书》曰：‘若作梓材，既勤朴斫，惟其涂丹雘。’言王者造始作为典则，以授诸侯，则既勤朴斫之譬也，诸侯致饰，嗣其功而终之，则惟其涂丹雘之譬也。《诗》曰：‘树之榛、栗、椅、桐、梓、漆。’言其宫中所植，皆能预备礼乐之用。语曰：‘一年之计莫如种谷，十年之计莫如种木。’故文公于初作宫室之时早计如此，又曰：‘维桑与梓必恭敬止。’言桑梓父之所植尚或敬之也，《礼》曰：‘见君之几杖则起，其类是乎？’《尸子》曰：‘荆有长松文梓。’”

3.参阅柳宗元《梓人传》。

4.（晋）郭璞：《尔雅注疏》，卷九，“释木”第十四。

5.同上。

6.同上。

就是木名。如椅就是一种树木。“椅”字是“木”字旁加“奇”，奇乃是“新奇，奇特”的意思，所以椅木可能是一种奇特的木材。椅原来没有椅子的意思，“椅”字出现时中国还没有椅子，椅子是到隋唐时才由西域传入。椅子是一种外来的一度被称为胡床（交椅）的新奇家具，所以“椅”字成为高坐具的名称也就不足为奇了。还有一种说法，“椅”音同“倚”，椅子有靠背可以倚靠，所以称为“椅子”。椇也是很古老的树名，而商代用来做放置宰杀的牲口的祭祀架称椇。[1]祭祀架不能算家具，但无疑是椇木所制。还有一些与家具无关的木材，如柘木和檍木是专门用来做弓弩的，[2]枥木是用来做车辕的，[3]等等。

以上提到的这些木材仅是古文献中提到和描述过的大量木材中的一部分，但我们已经可以看到，白木的历史是如此悠久，范围又是如此宽广，对中国文明的发展所起的作用又如此巨大，如今却如此地被忽视。虽然今天我们有分析和断定古木的现代技术，但对古家具的木材研究仍然极其薄弱。了解木材的来龙去脉，会帮助我们更多地理解中国古代木作文化和历史，这对古家具研究来说是非常重要的。中国关于木材的古代文献非常丰富，惭愧的是，我们的工作做得很不够，亟待大大地改进。

1.《礼记》：“俎，殷以椇，周以房俎。”

2.《考工记》曰：“弓人取材柘为上，檍次之。”转引自陆佃：《埤雅》，卷十四。

3. 郭璞：《尔雅注疏》，卷九，“释木”第十四。

图20　弓字枨矮桌桌面。榉木，83厘米长，49厘米宽（刘山藏，张召摄）

四、木材的软与硬

木材的软硬又是一个难题，其原因是木材的硬软与木材的贵贱缠绕在一起。之前已经说过，硬木和非硬木的划分实际上就是一道木材贵贱的分水岭。《明式家具研究》一书中列出的硬木一共六种，它们是紫檀、花梨、鸡翅木、铁力木、乌木、红木，无一例外都是贵重木材。"硬木"的对应词应该是"软木"，但一些"软木"实际上很硬，直接称"软木"不贴切，用"非硬木"则较婉转。从字面上看，"非硬木"是一个专业性很强的名词，而实际上，它无关软硬，也无法绕开木材的价值取向，即硬木高贵，非硬木低贱。如果单以硬度（GB/T1933-2009木材密度测定）来进行判断的话，那么硬木之间也有差别：紫檀为大于1.00g/cm^3，硬度最高；其次是乌木大于0.90g/cm^3；酸枝大于0.85g/cm^3；而花梨仅为大于0.76g/cm^3，排在最后。[1]这些数据均为范围值，说明同样的木材由于品种和产地不同会有硬度上的差异。如紫檀就有小叶紫檀和非洲紫檀的不同，甚至同一棵树的不同部分也会有硬度上的一些差异。《红木国家标准》只标出各类木材的最低硬度，也就是最低标准，而没有最高硬

1. 这些数据均来自《红木国家标准》。

度的数据，因此我们无法知道具体的差距。

有一个必须要澄清的事实，即非硬木并非不硬。相反，有的非硬木比一些硬木还硬，如榉木的硬度为0.63—0.79g/cm^3。[1]也就是说，最硬的榉木的硬度超过花梨木最低硬度，这说明现实中有一些花梨不如某些榉木硬。既然榉木那么硬，为什么要说它是非硬木呢？实际上还是旧的等级观念在作祟。还有，我们熟悉的黄杨木，它的硬度为0.83—0.93g/cm^3，[2]略低于紫檀，与乌木、酸枝几乎平起平坐，比花梨硬得多，但《明式家具研究》将之归入了非硬木。这些都是仪器测定的数据，而非个人主观的臆想，但在实际生活中，当人们提到黄杨木时就先入为主地认为不是硬木。王世襄先生的硬木、非硬木的划分更多的是传统（老北京）木材价值观的延续，而不是建立在木材物理特性的实际测试和考证之上，所以这个划分缺乏科学依据，学术上不够严谨，与事实不符。

除了榉木和黄杨木以外，还有很多硬质的白木，如榆木、槐木、柞木、核桃木、柚木等，都是相当硬的木材，其中槐木的硬度为 0.79—0.81g/cm^3。[3]硬度最低的槐木比硬度最低的花梨都要硬，把它归为非硬木完全不符合事实。还有我们熟悉的榆木也是很硬的木材，但跨度比较大，为0.56—0.82g/cm^3，硬度最高的榆木接近酸枝，比硬度最低的花梨硬很多。柞木与榆木相近，硬度上跨度也很大，为0.59—0.89g/cm^3。从测量数据看，槐木比榉木硬，最硬的柞木比榉木、槐木、榆木都要硬，是名副其实的硬木。

1. J. Kaner，L. Jiufang，X. Yongji，M. Pascu，F. Ioras，“A Reevaluation of Woods Used in Chinese Historic Furniture”, Bulletin of the Transilvania University of Brasov，Series II. Vol. 6 (55) No. 1-2013，p. 32.
2. Ibid.，p.34.
3. Ibid.，p.36.

图21　矮座灯挂椅。榉木，47厘米宽，41厘米深，89厘米高，36厘米座高（刘山藏，张召摄）

那么，硬木和软木到底应该怎样划分？如采取严谨的治学态度，就应该以科学测定的物理数据来划分，但数据测量虽然精准，在现实中则难以实行，因为中国木材的软硬之分不是根据科学而是由传统、文化和经济等综合因素决定。如果以绝对硬度来划分，那么，只有紫檀是硬木，其他都是非硬木，因为我们真的不知道软硬的界线应该划在哪里。木材硬度本身是相对的，从总体上看，白木确实不如硬木硬。但还是那句话，硬和软的界线到底应该划在哪里？西方国家在实际运用中硬度大于0.55g/cm^{3}的木材为硬木（西方软硬木划分下面详述），这当然不符合中国的国情。如果我们根据《红木国家标准》里的花梨最低硬度，即0.76g/cm^{3}为界线的话，上面提到的榉木、槐木、榆木、柞木都将进入硬木的名单，但这样一来，“狭义”的明式家具概念就不能成立了。

西方划分硬木和软木是根据树种，硬木是指被子植物门的树种，通常是阔叶、季节性落叶、开花和结果树种的木材，如胡桃木（Walnut，相当于中国的核桃木）、橡木（Oak，相当于中国的柞木）和艾尔木（Elm，相当于我们熟悉的榆木）等。软木是指裸子植物门的树种，是四季常青、无花而直接长果子的树种，如松木、西洋杉木等。大体上被子植物树种的木材硬于裸子植物树种的木材，但也有不少例外。如紫杉木属于裸子植物门树种，因此是软木，但它的硬度为0.67g/cm^3，大大超过普通硬木大于0.55g/cm^{3}的标准。最硬的红杉木可以达到0.88g/cm^3，超过酸枝、花梨，比西方的红木——

桃花心木（Mahogany）的硬度0.84g/cm^{3}还要高。而硬木山杨只有0.41g/cm^3，还有更软的硬木——巴萨木，硬度仅0.14g/cm^3。由于它的确是被子植物门树种，因此被归类在硬木之内。所以，按照树种划分也不是一个好的方法。

中国古代有很多关于木材的论述，可是古人很少谈论木材的软硬，他们更重视木材的表象特征，如颜色、气味、木纹以及产地。在描述木质软硬时的用词非常简单而模糊，如"性坚而理疏"，[1]"性坚致有脂而香"，[2]"性稍坚且脆极滑净"，[3]等等。只有明代王佐在描述铁力木时用了"硬"字："性坚硬而沉重"。[4]古代文献里提到"性坚"和"性坚硬"等的木材有很多种。"性坚""性坚致""性稍坚""性坚硬"之间确实有硬度差别，但很微妙且含糊，我们根本无法知道哪种木材更硬。成书于明代万历年间的《鲁班经匠家镜》（下简称《鲁班经》）里有"硬木"一说。《鲁班经》是一部中国古代民间土木建筑营造著作，由于书里有关于家具制作的章节，而成为中国仅存的一部有关于家具制作内容的木工专著。安思远在一篇文章里说，《鲁班经》里提到了七种木材，但由于安思远是转引，他说的七种木材可能是七次提到木材之误。[5]实际上，《鲁班经》提到制作家具的木材仅有三种，即楠木、樟木和杉木。[6]它们都不是硬木。《鲁班经》在"药箱"一节说："孔如田字格样，好下药，此是杉木板片合进，切忌杂木。"（请注意，杉木在明代不是杂木，以此类推，《鲁班经》里

1.（清）屈大均：《广东新语》，卷二十五，"木语"。

2.（宋）陆佃：《埤雅》，卷十四。

3.（明）曹昭：《格古要论》，"异木论"。

4.（明）王佐：《新增格古要论》，卷八。

5. Robert H. Ellsworth, *Essence of Style—Chinese Furniture of Late Ming and Early Qing Dynasties*, p.9. 安思远是转引自Klaas Ruitenbeek, *Carpentry and Building in Late Imperia China: A Study of the Fifteenth-Century Carpenter's Manual: Lu Banjing*, Leiden: E.j. Brill, 1992。参阅《新镌工师雕斫正式鲁班木经匠家镜》。

6. 安思远文章里说是2种（楠木和樟木），但原书里除了楠木和樟木还有杉木。参阅《新镌工师雕斫正式鲁班木经匠家镜》，134页。

提到的楠木和樟木应该都不是杂木。）那么，当时的杂木是什么木？《鲁班经》里没有说。《鲁班经》里的“校（交）椅式”一节里提到了硬木：“做椅先看好光梗（硬）木。”[1] 这里说的硬木是什么木？《鲁班经》没有说明。明代万历年间花梨、紫檀等硬木已经开始流行，但是这部明代的、中国历史上唯一讲述家具制作的书籍，并没提到黄花梨、紫檀及其他任何硬木。

1.《新镌工师雕斫正式鲁班木经匠家镜》，122—123页。

几千年的中国历史没有木材的软硬之分是难以想象的，而事实上是有的。早《鲁班经》500多年的北宋有一部详细论述建筑包括木作工程法的著名作品——李诫的《营造法式》，其中谈到了木材的软硬。《营造法式》是一部对建筑做工和用料（尤其是木材）进行详细规定和限制的法律条例。中国经历五代十国的战乱和朝代更替，到北宋又达到了统一。经济随之快速发展，物质也愈来愈丰富，但同时滋生了腐败。北宋晚期的上层社会生活奢靡，大量建造富丽堂皇的宫殿、宅邸、官署、寺观等建筑，使国库入不敷出而几近枯竭。为挽救危机，防止工料挥霍的弊端，将作监（北宋宫室建筑部官名）李诫奉旨重新修编《元祐法式》(《营造法式》的前书名），并于北宋崇宁二年（1103年）颁布实施。非常可贵的是，《营造法式》里提到了硬木和软木：

图22　展腿式画桌侧面（马可乐藏，崔鹏摄）

> 解割功：椆、檀、枥木，每五十尺；榆、槐木、杂硬材，每五十五尺（杂硬材谓海棘、龙箐之类）；白松木，每七十尺；楠、柏木、杂软材，每

七十五尺（杂软材谓香椿、椴木之类）；榆、黄松、水松、黄心木，每八十尺；杉桐木，每一百尺；右各一功。[1]

1.（宋）李诫：《营造法式》，卷二十四，“诸作功限”一。

李诫说，木料的锯剖割解的做工（功）是根据木材软硬不同计算的。木材越硬，锯割时间就越久，所以做工也就越多，反之亦然。从李诫这段话里我们可以了解到：一、在北宋，椆、檀、枥木都是硬木，因此做工高，50尺即为一工。二、榆木、槐木也是硬木，但可能不如椆、檀、枥木硬，所以做工略低，55尺为一工。三、杂七杂八的硬木，李诫称之为“杂硬材”，他还特地标明“杂硬材”为“海棘、龙箐之类”，应该也是相当硬的木材，做工与榆木、槐木一样，55尺一工。四、白松木、楠木、柏木、榆木（榆木第二次出现在软木里，可能是印书时的错误)、黄松、水松、黄心木、杉木、桐木都是软木，做工比硬木低得多。李诫根据这些软木具体的软硬分别定为一个工70尺、75尺、80尺、100尺不等。五、与杂硬材一样，李诫将一些软木称为“杂软材”，并与楠木、柏木归为同工。他特地标明：“杂软材谓香椿、椴木之类。”六、“杂硬材”和“杂软材”的划分说明宋代的杂木既有硬木也有软木。椆木做旗杆，有唐诗云：“玉排复道珊瑚殿，金错危椆翡翠楼。”海棘、龙箐以及黄心木是何木现在已不清楚。椴木在《尔雅·释木》里为櫠木（椴，櫠），櫠是落叶乔木，应该是硬木，但郭璞《尔雅注疏》里说：“櫠，椴。郭璞云：柚属，子大如盂，皮厚二三寸，中似枳，食之少味。”櫰即椵，是橘、柚树一类，属于软木。宋代对木材的划分实事求是，合情合理。硬木有椆、檀、枥木等，软木有白松木、楠木、柏木、黄松等，又再分杂硬木和杂软木。1000年前的北宋人对木材软硬就有如此细微的认识，叫人叹为观止。有趣的是，王世襄先生在《明式家具研究》第二、三、四章里一共5次引用了《营造法式》，[1]但都是关于木作而不是木材的软硬。不难理解，如果引用《营造法式》的硬材、软材划分法，就会与他的硬木、非硬木划分法相悖，就会动摇其价值判断的根基，硬木、非硬木的划分也就不成立了。中国这个古老而又合理的木材划分法没被提及，是造成木材偏见广泛流传的重要原因。

我们只要放下偏见，木材划分的问题将不难解决。“柴木”直接表达社会等级观念和偏见，不适合作为划分木材的标准用词。“杂木”相对婉转，但历史上众说纷纭而无法确定具体木材名称，因此，也不适合作为划分木材的标准用词。硬木、软木本来是按木材硬度的划分，可以科学测定，但由于中国文化的复杂，使得硬木、软木（硬木、非硬木）划分严重脱离实际，所以，它不是一个正确和有效的划分法。不是说不能用硬木、软木或非硬木这些词汇，而是要警惕这些词背后造成木材偏见的等级观念。红木、白木是以颜色区分的两大类木材的概念，红木是贵重硬木的统称，《红木国家标准》就用“红木”一词。“白木”虽然是指非名贵木材，但比起“柴木”“杂木”还是相对中性一些。白木范围大，种类

1. 王世襄：《明式家具研究》，“文字卷”，99、120、138页。

多，我们可以汲取古人的智慧，把它们分为硬白木和软白木两类。这样的话，可以分类为红木（均为硬木）、硬白木（榉木、槐木、榆木等）、软白木（松木、杉木等），一目了然。也许，这样的三分法也还不够完美，但至少呈现了白木中也有硬木这一基本事实。当然，单靠木材划分的梳理来纠正古家具领域里的偏见是远远不够的，还必须不断地深入研究，分清雅俗，而非木材的贵贱。让我们不断探索白木所蕴含的历史、文化和审美的含义，共赏它们自然朴实之美。

图23　四平面刀子牙板弓字枨香几。榉木，76.7厘米长，66.3厘米高，38.3厘米宽（刘山藏，张召摄）

五、再说粗与细

范濂的《云间据目抄》是记录他在明代嘉靖、隆庆、万历年间所见所闻松江实情的纪实性文字，共五卷，五万六千多字，其中谈及家具的仅仅两百来字。由于范濂在这段短短的文字里具体地提到当时家具的时尚以及相关的木材等信息，所以被广泛引用，极为著名。这段文字虽短，包含的信息却很丰富，王世襄先生总结了以下五个方面：

1. 范濂生于嘉靖十九年（1540年），若以二十岁为他的少年时期，则为嘉靖三十九年，即1560年。那时书桌、禅椅等细木家具，松江还很少见。民间只用银杏木金漆方桌。

2. 松江从莫廷韩（号是龙，万历时人）和顾、宋两家公子开始，从苏州购买了几件细木家具。细木家具可以理解为木材致密、方桌以外的一些品种，其中可能包括椐木（即榉木）家具，当然更包括各种硬木家具。这里已经明确说出细木家具是从苏州买来的。

说到这里，还可以引明王士性《广志绎》中的几句话：“姑苏人聪慧好古，亦善仿古法为之。……又如斋头清玩，几案床榻，近皆以紫檀、花梨为尚。尚古朴不尚雕镂。即物有雕镂，亦皆商、周、秦、汉之式。海内僻远，皆效尤之，此亦嘉、隆、万三朝为始盛。”所讲的年代和情况，与《云间据目抄》正合。

3. 隆庆、万历以后，连奴隶快甲之辈都用细木家具。豪奢之家，连榉木都嫌不好，要用花梨、瘿木、乌木、相思木（即瀏鶒木）、黄杨等材料造的床、橱、几、桌等价值万钱的家具。

4. 徽州也有小木匠，到松江来开店摆摊，出售嫁妆杂器。

5. 这时连皂快家中都有所谓的书房，布置细木及花木盆鱼等，说明此时的社会风气已普遍讲究家具陈设。[1]

1. 王世襄：《明式家具研究》，“文字卷”，19—20页。

王世襄先生在《明式家具研究》里第一次引用范濂的这段话，以证实黄花梨等硬木家具的年代和出处。因为范濂提到了年代，即明代的嘉靖、隆庆、万历，和细木家伙（包括花梨家具）及家具的发源地（产地）吴门，即苏州。范濂的这段话毫无疑问是一个强有力的佐证。但问题在于范濂说的“细木家伙”是否就是王世襄先生想证明的“硬木”，即花梨等贵重木材家具？还是包含更大范围甚至是非硬木的木材家具？

《明式家具研究》出版后众多国内外学者转引了范

濂的这段话。美国学者韩蕙在她的《中国古典家具朴实无华的光辉》（*Austere Luminosity of Chinese Classical Furniture*）里也转引了这段话，但是她把范濂说的“细木”直接翻译成“硬木”。殊不知，“硬木”在中、英文里的含义差异巨大：中国家具里的硬木是指贵重的硬木，而非西方意义上的硬木。西方硬木是根据木材使用的实际情况而定，所以如按照西方硬木的标准，相当大的一部分白木应该属于硬木。[1]让我们先来看《云间据目抄》中的原文。全文如下：

图24　四出头官帽椅（马可乐藏，崔鹏摄）

> 细木家伙，如书桌、禅椅之类，余少年曾不一见。民间止用银杏金漆方桌。自莫廷韩与顾、宋两公子，用细木数件，亦从吴门购之。隆、万以来，虽奴隶快甲之家，皆用细器。而徽之小木匠，争列肆于郡治中，即嫁装杂器，俱属之矣。纨绔豪奢，又以椐木不足贵，凡床厨几棹，皆用花梨、瘿木、乌木、相思木与黄杨木，极其贵巧。动费万钱，亦俗之一靡也。尤可怪者，如皂快偶得居止，即整一小憩，以木板装铺，庭畜盆鱼杂卉，内列细桌拂尘，号称书房。竟不知皂快所读何书也？[2]

按照王世襄先生的解释，“细木家伙”可以理解为木材致密，方桌以外的一些细木家具，但包括榉木家具。后一句话最值得玩味：“当然更包括各种硬木家具。”有点难以理解的是，细木家具为什么是方桌以外的一些品种？是

1. 见本书第四章。参阅J. Kaner，L.Jiufang，X. Yongji，M.Pascu，F.Ioras，“A Reevaluation of Woods Used in Chinese Historic Furniture”，Bulletin of the Transilvania University of Brasov，Series II.Vol. 6 (55) No. 1-2013。

2.（明）范濂：《云间据目抄》，卷二，“记风俗”。

当时没有用细木做的方桌，还是因为范濂这段话的开头只提到书桌和禅椅？我们不知道为什么王世襄先生要把方桌排除在细木家具之外。[1]其实，王世襄先生说的“当然更包括各种硬木家具”才是关键所在，因为这样一来便包括了黄花梨、紫檀等他兴趣所在的名贵硬木家具。我觉得如何理解范濂这段话可以做一些讨论。“细木家伙，如书桌、禅椅之类，余少年曾不一见。”这句话的意思应该是：“我（范濂）少年的时候（在松江）没有见过用细木制作的书桌、禅椅之类的家具。”而不是王世襄先生所说的“那时书桌、禅椅等细木家具，松江还很少见。”因为松江在明代和明以前都是文人聚居的地方，书桌、禅椅绝不会少，只是在范濂小的时候没有看到过用细木做的书桌和禅椅。这样就可以理解王世襄先生为什么说细木家具是“方桌以外的一些品种”，因为他认为范濂说的细木家具即书桌、禅椅之类的家具而不是方桌。

1. 王世襄《明式家具研究》中列有17件方桌，1件为紫檀，8件为黄花梨，其他8件是线图。

范濂接下来说：“民间止用银杏金漆方桌。”我觉得也不是王世襄先生认为的“民间只用银杏木金漆方桌”。我认为这句话可以有两种解释：一、“止用”的“止”作“为止”解释，即民间只能用到银杏金漆方桌为止。这可能是明代民间家具规格的上限，即民间不能超过这个规格的上限。二、“止用”的“止”作“禁止”解释，即民间禁止使用金漆家具，包括银杏金漆方桌。根据明代对家具规格限制的实际情况看，第二种解释比较接近事实。银杏金漆的家具即是银杏木胎的髹漆家具。金漆家具的工艺往往包括雕刻甚至镶嵌，然后髹漆，再用金色

图25　南宋《梧阴清暇图》（局部），其中可以看到弓字枨（高型）如意纹一字档牙板方桌、高束腰带托泥书桌、单靠背束腰如意纹短剑腿带托泥榻、竹编龟背格方凳、凭几和束腰脚踏等众多宋代家具（台北故宫博物院藏）

在家具上描绘图案。金漆家具一般是用黑色或朱红色的漆，外表看上去富丽堂皇，是明代高规格的家具（参见图10-1、10-2和图12-1、12-2）。朱家溍先生在他的《明清室内陈设》说到，明代朝廷对官员用的家具在装饰和漆的颜色方面都有严格规定："漆，又令官员床面，屏风、隔子并用杂色漆饰，不许雕刻龙凤纹金饰朱漆。"[1]所以金漆家具在明代象征等级，绝不是民间一般人可以用的。

让我们继续探讨范濂那段著名的关于家具和木材的话。王世襄先生在分析完范濂的话，即在第5点后面的一段里，紧接着就列举一件同时代的黄花梨家具，[2]他是想以此证明范濂说的"细木家伙"更可能是黄花梨家具。我认为范濂所说的"细木"应该首先是榉木，因为奴隶、快甲之家的细木家具，还有安徽小木匠做的嫁妆小件细木器具，不可能都是用黄花梨等贵重细木做的。范濂说的隆、万时期的纨绔，就像今天的土豪、富二代，追求豪华奢侈，他们认为榉木不够贵重，所以要用"花梨、瘿木、乌木、相思木与黄杨木"等细木来做家具。还有，莫是龙、顾名世、宋旭他们家的孩子是不是纨绔子弟？我看不是。因为虽说松江的细木家具是从他们开始才有的，但仅"用细木数件"而已，而且，尽管是从苏州买回来的"细木家伙"，也可能是榉木而不一定就是花梨、紫檀。范濂说是到了隆庆和万历的时候纨绔觉得榉木不够贵重，所以要用更贵重的木料做家具。范濂提到的瘿木和黄杨木通常都是小料木，是用来做家具的某些部位或贴面、镶嵌图案等用的木材。这样的家

1. 朱家溍：《明清室内陈设》，紫禁城出版社，2004年，33页。转引自《大明会典》。

2. 黄花梨、铁力木面心画案，是苏州老药店雷允上故物，南京博物院藏。王世襄：《明式家具研究》，"图版卷"，20页。

具当然费工费料，所以要“动费万钱”。而且，这些家具又非品位高的文人家具，不然，范濂不会说它们“亦俗之一靡也”。我觉得范濂这段话应该这样译：

> 我小时候看到的书桌、禅椅等家具都不是细木做的。金漆银杏木方桌一般人家不允许用。后来莫是龙和顾名世、宋旭两家的公子有几件细木家具，它们都是从苏州买来的。隆庆、万历以来，就连小老百姓都用细木家具。集市里安徽来的小木匠做的结婚用小木盒等也都用细木。有钱人嫌榉木不够贵重，他们出手万钱，床、橱柜、案几、桌子等家具都是用花梨、瘿木、乌木、相思木、黄杨木制作，浪费且又俗气。最奇怪的是，衙门里的差役，偶尔得到一座小屋，立马整出一小间，用木板做床，院子里养花养鱼，屋内放细木做的桌子和拂尘，号称书房。真不知道衙门差役读了哪些书？

再明白不过，范濂这段文字的真正含义不是讨论什么细木不细木，而是对当时富人的穷奢极欲和小老百姓盲目跟风的社会现象和风气的讽刺和批判。《明式家具研究》出版以来，许多中国学者转引范濂的这段话，无不是用来证明以黄花梨为首的硬木家具的年代和产地，而对这段话里的社会语境和审美意识只字不提。柯律格在他的《长物——早期现代中国的物质文化与社会状况》一书里也提到王世襄先生引用范濂的这段话，他以商品消费角度分析，认为明晚期连皂快也有了选择贵重商品的权利，[1]但他似乎不理解中国文化中有跟风攀附的传统。直到今天，还有众多经济条件不是很好的人买奢侈品来显摆。范濂正是在批判这种跟风攀附的社会习气。他的这段话并不证明皂快有权利或有钱买得起贵重商品，或许皂快是为了赶时髦租借带书桌的一间小屋而已。

作为古代文献，范濂的这段话给当今古家具研究提供了丰富的有关木材的历史信息。不同学者从不同观点出发做不同的解释实属正常，但如果为了证明某一观点而违背事实就难免会出偏差。范濂所说的细木，范围肯定比现在的硬木要大得多。范濂文章中木材出现的先后顺序是：榉木、花梨、瘿木、乌木、相思木、黄杨木。如根据硬木、非硬木的划分，瘿木（可能是楠木）、榉木、黄杨木、相思木（不是鸡翅木，见本书第三章）都不属于硬木。从范濂文章内容的逻辑看，细木首先是榉木，然后才是花梨、乌木。我们不应该因纨绔嫌榉木不足贵，就把它排除在细木之外。如皂快、安徽小木匠的细木家具都是花梨的话，那遍地花梨怎么还会贵重？范濂写这篇文章的目的不是要说木材或家具，而是要发表他对当时社会风气的看法，所以不会面面俱到地把他看到的所有细木都写上，因此，他说的“细木”只是一个笼统的木材名称。我认为，除范濂提到的榉木之外，还应该有其他木质细腻的木材，比如银杏木。范濂提到“民间止用银杏金漆方桌”，如果不是髹金漆而是简单髹漆的银杏木方桌，民间也许就可以使用。李时珍在《本

1. 柯律格：《长物——早期现代中国的物质文化与社会状况》，生活·读书·新知三联书店，2015年，136页。皂快即使想附庸风雅，也不一定买得起贵重木材的家具。范濂说的皂快的“细桌”，可能是榉木一类木材做的桌子。

1.（明）李时珍：《本草纲目》，“果”之二，“银杏”条。
2. 陈淏子，明末清初园艺学家，他的《秘传花镜》是一部中国古代园艺著作，成书于1688年（康熙二十七年）。关于银杏木的这段话出于《秘传花镜》卷三“花木类考”。

草纲目》里是这样描绘银杏木的：“其树耐久，肌理白腻，术家取刻符印，云能召使也。”[1] 陈淏子在《秘传花镜》里也说银杏木“其肌理甚细，可为器具栋梁之用”。[2] 银杏木应该不会比榉木贵，不然，范濂为什么不说纨绔嫌银杏木不足贵？为什么银杏木不可以也是范濂说的“细木”呢？银杏是古老的中国本土树种，已有1000多年的栽培历史。范濂和陈淏子都提到银杏木家具和器具，著名的存世器物有现收藏于苏州博物馆的彩绘四大天王像内木函（木制盒状器），是宋代的木器，形制为五节套叠式，用银杏木制成。可是从艾克、凯茨，到安思远（特别是他在书里提到了35种木材）再到王世襄，竟没有一个人提到银杏木。

古代的“细木”概念不是以木质的软硬来定，而根据的是木纹和木质的细腻与否。当然，细木也含有贵贱之义。如果按照《明式家具研究》的木材分类法，银杏木肯定与榉木一样被归为“非硬木”类。我们有理由相信，范濂说的细木家具包含榉木和其他非硬木制作的、造型优美、艺术性强和体现文人审美理念的家具。然而，这些家具由于硬木、非硬木的分类和明式家具的狭义定义而被忽视，乃至被排除在优秀明清家具之外。无怪会出现如本书第二章开头说到的中国古典家具研究专家柯惕思那样的遭遇。估计这类事情不会少，西方人觉得惊奇就写下来了，而中国人似乎已经习以为常。这对中国明清的白木家具来说很不公平。为什么我们对自己的历史文化引以为豪，而对一些具体的历史文化遗物如白木家具却缺乏尊重呢？

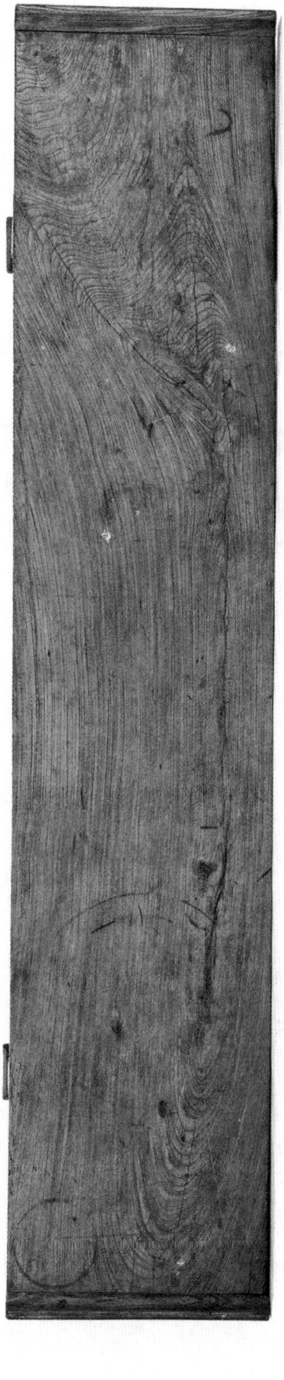

图26　如意云纹牙头夹头榫翘头案案面。榉木，199厘米长，41厘米宽（马可乐藏，崔鹏摄）

六、文人的家具审美

家具审美牵涉诸多因素，尤其是与拥有和使用它们的人直接相关，是社会不同人群审美立场乃至政治立场的反映。家具的式样、用材、纹饰等审美取向很大程度上是由它们的拥有者所处的社会地位决定的，如象征皇权的龙椅。明、清宫廷家具在材料和做工上采用当时的最高等级和标准，式样必须符合皇帝和皇亲国戚的身份。古代中国宫廷审美是皇权统治的一部分，它的确立是为了彰显权力从而维护和巩固政权的统治。但同时中国还有文人审美，那是全然不同的一个审美系统；它不以维护皇权为目的，也不以材料做工来决定审美价值的高低，而是顺应审美自身规律，崇尚朴实自然，绝非木材高贵或做工精细即美。虽然文人的审美观念处处体现在一些具体的古家具上，但文人家具的审美是一个很少被讨论的领域，要弄清这个问题具有很大的挑战。

现在我们常常听到“文人家具”或是文人审美对家具制作产生过巨大影响，甚至文人直接参与家具的制作等说法，但实际上“文人家具”是一个含糊且还没有被严肃讨论过的概念。在现实中有一些古家具可能被某个文人使用过，文人的确有可能参与一些家具的设计制作，但一个必须接受的事实是：文人很少有关于家具的论述。因此，要确定什么是文人家具，哪些家具在造型、风格上受到文人的影响都是非常困难的。相比历朝历代大量文人的书论、画论，文人对家具的记述可谓凤毛麟角。真正算得上具审美意义的文章也许只有明代文震亨《长物志》的“几榻”和清代李渔《闲情偶寄》的“一家言居室器玩部”等几篇而已。明代另一位文人高濂在他的《遵生八笺》里提到了不少家具，如二宜床、倚床、竹榻、短榻、禅椅、仙椅、藤墩、靠背、滚凳等，但高濂仅做了家具功能的描述而少有具体审美评论。[1]从卷题“怡养动用事具”即可看出，他着重谈的是养生。其他文人有关家具的文字都仅有只言片语，是记事录物时顺便提及家具，通常是一些非常简单概括的描述和评论，如范濂、王士性等。所以要讨论所谓的“文人家具”是非常困难的。不说家具审美文献，就制作家具的木作书籍也仅有《鲁班经》一本，且大部分在说土木建筑，家具仅是其内容的一小部分，简单的二十余条几百字而已。《鲁班经》整本书充满风水邪说且错字连篇，可能是文化不高的匠人记录或口述之书。[2]无怪乎凯茨当年震惊地发现中国人对家具漠不关心，在《中国日用家具》里说道：“在专业和普通的出版物里，尽管中国人所关心的事物无所不有，但对家具的关心几乎是零。”[3]他还客观地指出：“自从鲁班被奉为神灵，将所有功劳归功于他之后，从不间断的中国朝代的历史记录

1.（明）高濂：《遵生八笺》，“起居安乐笺”，下卷。

2. 王世襄：《明式家具研究》，215页。

3. George N. Kates，*Chinese Household Furniture*，p.9.

里，再也没有提到过一个我们今天可以称其为艺术家的杰出木匠。”[1]与艾克和安思远对中国古家具的赞美式论述不同，凯茨常常尖锐地指出一些问题。70多年过去了，凯茨许多中肯、犀利的观点还是值得我们深思。

文人家具的说法可能是受文人画的影响而产生的。中国文人画发端于唐代，经宋代及元、明两代成为中国绘画的主流。文人画无论是相关著述、具体实践和存世作品都可谓浩瀚，但中国没有文人制作（创作）的家具。家具制作是匠人从事的一门手艺，所以不受文人重视。文人是读书人，他们写文章、写字（书法）和作画而不去劳作。有据可查的文人从事过的手工艺是毛笔的制作。有文献说韦诞、张芝、王羲之都曾经制作过毛笔，[2]但比较可靠的记载文人制作毛笔的古代文献是梁同书所著的《笔史》。其中“笔匠篇”列举有姓名的制笔匠七十多人，不少是文人，如晋韦昶（官至散骑常侍），还有面见李林甫（唐玄宗时宰相）时自称为学子的管子文等。梁同书还特别讲到一个名叫吕道人的制笔匠：“歙州吕道人，非为贫而作笔，故能工。”说明毛笔制作原是一门养家糊口的手艺，一旦制笔的目的不是赚钱，笔就可以做得更尽心完美。但梁同书没有提到韦诞、张芝、王羲之、智永等人的制笔。[3]毛笔是书写和绘画的工具，因此，制笔也许是文人唯一从事过的匠艺。古代制作家具的艺人是工匠，与文人属于两个社会阶层。虽然明代出过喜欢做家具的皇帝，[4]还有木匠被提拔至侍郎、

1. George N. Kates, *Chinese Household Furniture*, p.9.
2.《笔经》（传王羲之著）中有关于兔毫笔制作的详细描述，并提到用人发制作毛笔，还提到张芝、钟繇用鼠须制笔，但以此断定王羲之就是制笔好手和张芝、钟繇曾经自制过毛笔不甚确凿。
3.（清）梁同书：《笔史·笔匠篇》。
4.（清）王士禛《池北偶谈》：“有老宫监言：‘明熹宗在宫中，好手制小楼阁，斧斤不去手，雕镂精绝。’”

尚书的例子，[1]但在整体上说，木匠等手艺匠人的社会地位并没有因此而得到提高，仍然是“百工之人，君子不齿”[2]。文人作为中国古代社会的一个特殊群体，对文化艺术的发展起过决定性的作用，按常理家具也不应例外。因此，尽管探讨文人审美与家具的关系有难度和挑战，但这是一个极值得探讨和具有当下意义的课题。

文人家具似乎与风格简朴的明式家具联系在一起。现在流行的观点认为：明式家具风格简约，清代家具风格繁复。实际上，这是对明清家具的一大误解。明代家具的风格多种多样，有简约也有繁复，清代也是一样。如果我们追溯到明代以前，如宋、元，亦是如此。当然，明代家具的简约和繁复与清代家具有所不同。明代家具的简朴是明代和明代以前文人的简约审美取向在家具上的体现，并在明代达到了一个巅峰。清代文人延续了明代文人的审美追求，但在宫廷审美趣味的主导和影响下清代家具制作逐渐出现新的样式，最终形成了清代自己的风格。虽然清代简约风格还在继续，但已经式微。现在人们喜欢简约风格的明清家具，还是与西方早期研究中国古代家具的学者如艾克、凯茨及稍后的安思远等人有关，是与他们对简约风格的明清家具的喜爱、研究和推广分不开的。西方人对明清简约风格的欣赏与20世纪二三十年代德国包豪斯引领的现代艺术运动（建筑及设计领域）直接相关。西方18、19世纪流行的诸如洛可可、维多利亚等风格也都是繁复的装饰风格，19世纪末至20世纪初出现的具有现代意义的新艺

1. 明黄瑜《双槐岁钞》卷八“木工食一品俸”条里提到，明永乐、成化年间苏州木匠蒯祥“遂为工部右侍郎，转左侍郎，其禄累加至从一品……其禄寿，盖为木工者所罕见也”。明沈德符《万历野获编》卷十九，“工部”，“工匠卿贰”条：“嘉靖间，徐杲以木匠至工部尚书。”并且与黄瑜说蒯祥不一样：“正统间，有木匠蒯祥者，直隶吴县人，亦起营缮所丞，历工部左侍郎，食正二品俸。”而非食一品俸。
2.（唐）韩愈：《师说》。

图27　藤面高扶手南官帽椅，详见238页。可对比瓦西里椅（图28）（马可乐藏，崔鹏摄）

图28　马塞尔设计的瓦西里椅（Wassily Chair），可对照比较藤面高扶手南官帽椅（图27）（了了摄）

术运动（Art Nouveau），还是以繁缛复杂的波浪形和流动的线条为主流风格。奥地利建筑设计师、理论家楼伊斯（Adolf Loos）在新艺术运动高潮时（1908年）宣称："文化的进化和排除实用物品上面的装饰是同义词。"[1] 他的口号是："从装饰里摆脱出来是精神力量的象征。"[2] 楼伊斯的理论直接影响了包豪斯和现代艺术运动，同时也是西方理解和欣赏中国简式古家具的理论根据。

美国学者韩蕙将一把17世纪的中国禅椅和一把1925年包豪斯的教授、建筑和家具设计师马塞尔·布劳耶（Marcel Breuer）设计的瓦西里椅（图28）[3]做了比较。她指出："两把椅子的基本形状，节俭用料和几何形简约性方面是一致的。"[4]她还说："马塞尔是受了荷兰风格主义运动的影响。"[5]但是她认为："欧洲20世纪

1. Ulrich Conrads，*Programs and Manifestos of 20th Century*，MIT Press，1970，p.20.
2. Jessica Rawson，*Chinese Ornament: The Lotus and the Dragon*，British Museum Publications，1984，p. 19.
3. 瓦西里是俄国抽象画家康定斯基的名，康定斯基是姓。康定斯基当时也在包豪斯教书，是马塞尔的同事。但这把椅子原来不是以康定斯基的名字命名的，是三十多年后意大利家具制造商利用名人逸事进而给椅子起的名字。
4. Sarah Handler. *Ming Furniture in the Light of Chinese Architecture*，p. 25.
5. Ibid.，p. 26.

图29　赤漆欟木胡床（唐时代），可对比图33里面的左二和右二两把禅椅（日本正仓院藏）

这种激进的观念源于日本建筑。”[1]韩蕙接着说：“这种观念在公元4世纪前的中国已经出现。”她马上援引一段《道德经》，以此来证明中国古老智慧是这一简约审美观念的来源。关于西方人为什么能欣赏中国家具，韩蕙是这样说的：“在包豪斯的眼里，中国古典家具就是艺术……是包豪斯使我们能给予中国家具一个艺术的审美标准。”[2]韩蕙这里说的中国古典家具是指明清简约风格的木质家具。她说得非常清楚：西方的现代主义运动导致简约几何造型艺术风格的形成和发展并被接受和欣赏，由此也导致对中国（非西方）简约风格家具的接受和欣赏。换句话说，她不是从中国文化（文人）的语境切入来理解和欣赏简约风格的中国明清家具的。

在韩蕙看来，中国禅椅与马塞尔的瓦西里椅还有

1. Sarah Handler，*Ming Furniture in the Light of Chinese Architecture*，p. 27.
2. Ibid.

图30-1　商代青铜鸮形觯（纽约大都会博物馆藏）

图30-2　商代青铜鸮形觯（弗利尔美术馆藏）

一个很大的区别：瓦西里椅在西方家具的发展史上是一次革命，它是有史以来第一次用弯曲的金属管制作的家具，造型也是前所未有的简约和有效。虽然它也是手工制作的，但发明后即投入用机器大量生产，是工业化批量化家具生产的始祖。而那张中国禅椅是用木材制作的，它的造型经过多个朝代的提炼和完善，就是在当时也不具革命性而是传统的延续。[1] 西方人欣赏中国简约风格的家具应该归功于包豪斯，这从西方艺术发展史看是千真万确的。西方现代主义崛起之前的各个时期净是繁缛风格，如巴洛克、洛可可、维多利亚，之前浪漫主义与新古典等时期，再往前文艺复兴时期、中世纪，直至古希腊、古罗马时期，整个西方古代艺术史里几乎找不到对简约风格的认可和欣赏。[2] 西方在现代主义之前

1. Sarah Handler, *Ming Furniture in the Light of Chinese Architecture*, p.25.

2. 仅有一个例外，前希腊基克拉迪文化（Cycladic culture，3300—1100 BC）具简约风格的几何形人体石刻偶像被当作现代艺术来欣赏，但有学者指出，这是现代对基克拉迪石刻的误读。原石刻用鲜艳的颜色画过，且都是女性（女神），如维伦多尔夫的维纳斯（Venus of Willendorf）。Marija Gimbutas, *The Language of the Goddess*, Harper Collins, 1991, p. 203; Erich Neumann, *The Great Mother: An Analysis of the Archetype*, tr. Ralph Manheim, Princeton University Press, 2nd.

图31-1　西汉柿蒂光芒纹铜镜（纽约大都会博物馆藏）

图31-2　战国光芒纹三弦钮铜镜（纽约大都会博物馆藏）

的艺术形式是模仿自然对象，技巧是否精湛是衡量艺术水平高低的标准。在技巧精湛的前提下，若展现一点个性即成大师，对简约风格有意识的追求则是20世纪之后的事了。中国的艺术史告诉我们，从古代开始，中国艺术的风格就是简繁并存。就制作难度大的青铜器、瓷器等工艺品来看，中国的古代工匠（艺术家）已经掌握了制作精致、繁复、高难度纹样的技巧，但同时他们有意识地、自觉地追求简约。比如商代的两件青铜鸮觯（图30-1、30-2），它们的题材、尺寸、材质都一样，但风格一简一繁而大相径庭。说明在同一时期艺术家会有截然相反的艺术风格的追求。再举战国时期和汉代的铜镜为例（图31-1、31-2），风格也是截然相反。装饰繁复，四方连续柿蒂纹，深浮雕大小光芒纹那面是西汉

（接上页）1963，p.113. 我认为，希腊几何形人体石雕像是西方艺术的原始阶段，故造型简单，而非艺术发展到一定阶段的有意识的舍取。这与西方现代主义误读中国明清家具有点相似。

图32-1　唐单色釉胆瓶（纽约大都会博物馆藏）

图32-2　唐三彩罐（纽约大都会博物馆藏）

的，而简约的一面时间上反而早。战国晚期光芒纹刚出现，就用单线勾勒，以配镜心的三弦纹钮，是当时匠人对繁复风格反思和扬弃的结果，从而达到更具艺术高度的简约。除了列举的两件青铜鸮觯和两面铜镜，还有更多可以证实简繁风格同时存在和相互交替的艺术品。在某些时期，如宋代，瓷器的简约风格占了主导地位。虽然宋瓷的简约与之前唐代瓷器的雍容华贵在风格上形成强烈的对比，可即便在唐代，繁简风格也是并存的（图32-1、32-2、32-3、32-4）。所以中国艺术的简繁共存和交替出现是有其历史渊源的，而不是像西方那样发展到现代才出现。中国家具没有西方家具由繁入简的审美变迁，它的古代和现代之间并不能用一条繁简之线来划分。必须注意的是，不仅是创作这些青铜器、瓷器的匠

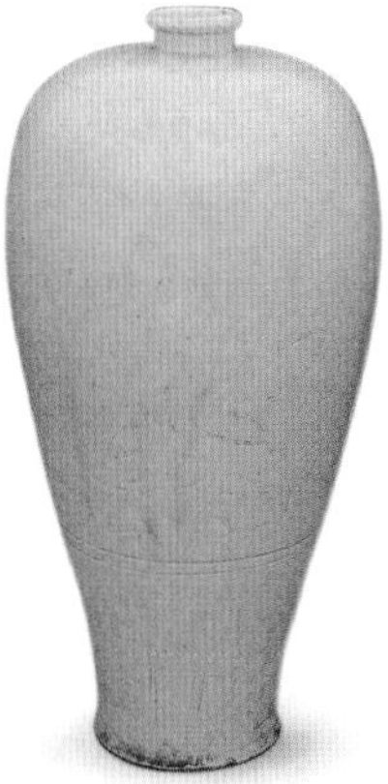

图32-3 宋定窑刻花梅瓶（纽约大都会博物馆藏）

图32-4 宋磁州窑白底黑釉刻花梅瓶（纽约大都会博物馆藏）

人在审美上有追求简约的意识，更关键的是用户，如赞助人、订制人、拥有者等广大人群的审美观念均已达到欣赏简约风格的境界，从而使简约成为当时社会共同的审美意识。虽然它通常由精英阶层引导，但毕竟是一个普遍的社会审美共识。

韩蕙的东西方椅子的比较还可以进行下去。虽然东西方两大文明在审美结果上有时会殊途同归，但还是有本质上的不同。马塞尔的瓦西里椅虽然是家具史上的一次革命，但毕竟还是材料发展而引起的革命。西方家具之前也是用木材制作的，工业化使得无缝金属管成为可能和有效的家具材料，因此，从西方的家具传统来看，审美并非是出自内在的追求和演变，而是出自外部因素的促进，即材料的变化引发结构造型的变化再引发

图33　南宋《张胜温画梵像》(局部)。对比图29的胡床，此图中描绘的禅椅说明胡床的造型在三百年内未变(台北故宫博物院藏)

审美的改变。所以，这个简约风格从审美意义上说是被动产生的。瓦西里椅在马塞尔设计完成后，审美的工作也就结束，接下来便是大量地工业化复制，然后涌入消费领域。中国禅椅的情况就完全不同。韩蕙例子里的禅椅(17世纪)是禅师可以盘腿而坐的那类大尺寸的椅子，先由西域传入中国，早期称胡床。禅椅最早出现在敦煌壁画中(西魏285窟)，现存实物有日本正仓院圣武天皇(724—749年在位)举行仪式时用的赤漆欟木胡床(图29)。[1] 禅椅还出现在唐宋的绘画里，[2] 如作于宋代大理国的《张胜温画梵像》(图33)，里面所画的禅椅与日本正仓院藏的胡床在造型上极其接近。宋代佚名《十八学士图》(图38)里的扶手椅造型也非常接近韩蕙列举

1. 安思远认为这件胡床不是8世纪而是11—12世纪的禅椅，因为正仓院很多仓库都贴有封条，8—19世纪从未打开过，但存放这件禅椅的仓库8世纪后被多次打开。参阅Robert H. Ellsworth，*Chinese Furniture—Hardwood Examples of the Ming and Early Qing Dynasties*，p.15。

2. 唐宋出现禅椅的画作有唐阎立本《萧翼赚兰亭图》(宋摹)、唐卢楞伽《六尊者像》、宋时大理国《张胜温画梵像》、宋《禅师与罗汉画像》。

的禅椅。这一切说明中国禅椅的造型在历史的不同阶段里处于不断的变化之中，到明代基本定型，但具体的椅子还是有所变化。其间制作禅椅的木材也有变化，包括树根、竹子以及明代中晚期黄花梨等硬木的运用。这虽然对禅椅的造型有所影响，但并非像西方那种对传统的革命性颠覆和否定。

我们确实需要深入研究中国古代文人对家具审美的影响。中国文人在审美上欣赏简约远早于西方人，他们并没有经过西方式的现代主义洗礼，而是在长期的中国封建社会的生活和磨炼中渐渐形成的。这不仅是对简约风格的欣赏，也是人性内在的表达和诉求，是人性中追求纯粹性一面的升华，是照耀在封建社会的不可磨灭的

1. Rene Grousset, *Les Civilisations de l'Orient*, 1930, Paris, p.2.
2. George N. Kates, *Chinese Household Furniture*, p.1.

光，是全人类无论何时何地都可以共享的一道文明的印记。正如法国历史学家勒内·格鲁塞（Rene Grousset）在研究了中国甘肃新石器时代的陶器后说的："简单从而到达一个简约、坚固和坦率的形式，这是物质的内在质量，是东方美学永恒的美德。"[1]对中国家具来说同样如此。木质家具和陶瓷器一样，经历了漫长的历史发展和演变过程。古代陶瓷器存世量巨大，可是家具由于木材易腐蚀而少有存世的实物。文人对古陶瓷的论述要远远多于家具，但即便如此，通过文震亨的"几榻"，我们可以了解到明代文人对之前朝代（宋、元）家具风格的崇尚，对简朴审美的崇尚。法国谚语说："文化人无法与他生活起居的品位分开。"[2]这同样适合中国的文人与家具的关系。鉴于明代以前关于家具文献的稀缺，我们几乎没有明以前文人曾经使用过和拥有过的家具实例，但我们可以将文人修建的宅居作为寻求文人对家具审美的源头。

早在唐代，就有大量文人写过他们的宅居和宅居建造，如对草堂、园林、书房、庭院等的描述（诗词）。我们可以从文人对这些宅居的描述出发，来推断他们对与宅居相配的家具的审美。文人通过对自然的崇敬和赞美表达他们精神上的向往，同时，通过设计和建造房舍和园林将他们的审美理想付诸实践。虽然文人的这些描述大都是关于大自然的景色和宅居的，极少提及家具，但我们还是可以从中了解文人对美的判断。因为首先是择定自然景色（宅居地点），然后是房屋的建造，之后才配置家具。有了家具之后，生活起居就有了着落：几榻可以卧躺，可以阅书赏画，还可以置放青铜、陶瓷、玉器等古玩摆饰，再加之墙上挂了书法、绘画等卷轴，文人生活起居的品位（审美）便展现无余了。所以，文人建造宅居的论述可以作为文人家具审美论述的开端。文人作为中国古代社会的一个重要而又独特的群体，对美有特殊的要求，他们建立了文人的审美并对它进行阐述；大至宅居、园林，中至家具，小至笔、砚及各类把玩摆设，他们在各个领域的审美追求在精神上是一致和相通的。

早在唐代之前，就有文人远离闹市寻找和选择幽静的自然环境建造他们的宅居，并以此来实现他们自己的理想。到了唐代，文人建宅园已经蔚然成风，这从唐代的诗歌和文章中可以看出。如王维与裴迪合写的诗《辋川集》四十首，[1] 就是为辋川别业（王维的别墅）而作，里面有“文杏裁为梁，香茅结为宇”的句子，说明建造屋宇的材料是杏木和茅草。王维的家具非常简单：“斋中无所有，唯茶铛药臼，经案绳床而已。”[2]绳床即胡床，是椅子，他仅有绳床和小案桌，连榻也不置。杜佑的《杜城郊居王处士凿山引泉记》也是他对其宅居周围自然景观和文人生活方式的描述。[3] 唐代首都长安的东郊当时是一些权贵的山庄和别墅的集聚地，而南郊樊州一带风景幽寂，众多文人官僚在那里建造宅居别墅，杜佑的宅园城郊居就是其中之一。东郊近皇宫（大明宫、兴庆宫），紧贴政治中心，而南郊近终南山，丘陵起

1. 通常称王维《辋川集》二十首，实际是王维与裴迪的和诗，每人二十首，共四十首。

2.（明）高濂:《遵生八笺》，“起居安乐笺”，上卷。

3. 杜佑在《杜城郊居王处士凿山引泉记》中写道:“若处烟霄，顿觉神王，终南之峻岭，青翠可掬；樊川之清流，逶迤如带。蒇役春仲，成功秋暮，其烦匪病，不愆于素。”

伏，又多溪涧。两个地点的选择反映了两个迥然不同的出发点，两种不同的政治取向，也隐含着两种对立的审美观。长安之外很多地方也有文人选地建造宅居。杜甫在762年间于成都建成草堂，并赋《寄题江外草堂》和《堂成》等诗，描述草堂的修建过程。[1]唐代诗人独孤及在《卢郎中浔阳竹亭记》中描述他朋友盖的竹亭："以俭为饰，以静为师。"[2]这里的"俭""静"两字是文人审美的核心。虽然这是一篇关于盖竹亭的文字，但听上去像是一个文人审美纲领性的宣言。白居易52岁辞官回到洛阳，他购买了履道坊宅园，然后进行增建，以作为他的晚年居所，他还写了长文《池水记》，详尽描述这座宅园。[3]而在九年前（815年）白居易被贬官至江州浔阳（今江西九江市）时就盖了他的第一所草堂，两年后建成并写《庐山草堂记》。白居易非常具体地描绘他自己盖的草堂："木斫而已，不加丹；墙圬而已，不加白"[4]。也就是说，建草堂的木材仅用刀斧砍削而不再加工平整，更不涂漆绘彩，墙就是灰泥抹的墙，也不刷白。可贵的是，白居易还提到了家具，要比王维的多一些，但未做具体的评论："堂中设木榻四，素屏二，漆琴一张，儒、道、佛书各三两卷。"[5]白居易没提桌、案，而是提到功能类似于床的木榻，说明唐代处于中国的家具由低（席地坐）向高（椅凳坐）发展的过渡时期；高桌、案可能还没成为家具的主导，这从木榻数量来看就清楚了。一间屋里要放四张木榻，这些木榻并非都是用来睡觉的，也不是因为房间大，要多放几张，而是木榻在当

1. 杜甫在他建的草堂住了3年零9个月，写了200多首诗。参阅周维权：《中国古典园林史》，清华大学出版社，2004年，161页。
2.（唐）独孤及：《卢郎中浔阳竹亭记》。
3. 参阅周维权：《中国古典园林史》。
4.（唐）白居易：《庐山草堂记》。
5. 同上。

时承载着躺、坐、卧以及放置物品甚至用来写字、画画等多项功能（参见图4），因此，需要一定数量方能运转。至于素屏，我们看到的古代绘画里屏风大都是有画的，常常为山水，素屏极为罕见。从以上描述文人建造宅舍、园林的文字里，我们可以看出文人的审美立场，即以俭素为尚。关于建草堂的木材加工方式，还有更激进的例子。唐天宝年间文人李翰为朋友尉迟绪建草堂写的《尉迟长史草堂记》里记载："大历四年夏，乃以俸钱构草堂于郡城之南，求其志也。材不斫，全其朴；墙不雕，分其素。然而规制宏敞，清泠含风，可以却暑而生白矣。"[1] 白居易建屋的木材还用刀斧砍平，而尉迟绪对于树林里伐下来的木材，不做任何加工就直接用来建草堂，可谓完全彻底的质朴。尉迟绪是晋陵郡的郡丞，是唐朝不小的官员，他用自己的俸禄建草堂的做法是"求其志"，并以"全其朴""分其素"来展现文人风骨，说明他为官清廉。清廉和简朴往往正相对应。900多年后，清代的文人李渔在他《闲情偶记·居室部·墙壁第三》里写道："天下万物，以少为贵。"我们可以从这些文字里体会到文人审美的核心——简朴，它就像一条清澈的长河涓涓流淌。

关于家具较为详尽的论述要到明代才出现，其中文震亨写了最为著名的关于家具审美的一篇文字——"几榻"。它是文震亨《长物志》的第六卷，是中国古代最全面、最系统、最详尽的关于家具及家具审美的专论。在文震亨之前，有明代地理学家之称的文人王士性在

1.《全唐文》，第四百三十卷。

1.（明）王士性：《广志绎》，卷二。
2.（明）高濂：《遵生八笺》，"燕闲清赏笺"，中卷。

游历苏州时写下了一段关于家具的文字："又如斋头清玩、几案、床榻，近皆以紫檀、花梨为尚，尚古朴不尚雕镂，即物有雕镂，亦皆商、周、秦、汉之式，海内僻远皆效尤之，此亦嘉、隆、万三朝为盛。"[1]这段话也常常被研究家具的学者引用，因为它提到家具的木材"紫檀、花梨"，以及明代家具的尚古倾向，从中我们可以得知古朴是当时的一条审美标准。还有高濂在《遵生八笺》里专门写了"香几"一条，[2]虽然非常短小，但对家具审美做了描述。另外还有范濂的《云间据目抄》里那段著名的关于家具与木材的短小文字，虽然是社会学角度的观察和批评，从侧面也折射了当时的审美倾向。王士性比文震亨大38岁，高濂大文震亨12岁，范濂大文震亨45岁。《广志绎》《遵生八笺》《云间据目抄》分别成书于万历丁酉（1597年）、万历辛卯（1591年）和万历癸巳（1593年），时为文震亨的幼年、少年时期。因此，文震亨很可能读过这三本书并受其影响。尤其在著述格式上可以看到高濂《遵生八笺》的影子。高濂《遵生八笺》提及家具略涉审美，因为他的目的不是谈论审美，而是从文人养生角度描述家具。比如他提到的香几，是有特别用途的小型家具，而非一般生活起居的日用家具。高濂是在谈香和焚香时顺便提及香几。在一段简短扼要的论述香几的文字后，高濂便大段地论述起香和焚香；单单古香就列出了53种，再加常用香22种，一共75种！高濂还仔细地写了焚香七要，其中香的调配方子就有11种，可见古代文人对焚香之痴迷。此外，高濂还大段大段地论述如砚台、笔洗、裁纸刀、笔掭、墨匣、古琴等文人用器和乐器。[1] 有一点可以肯定：高濂、王士性、范濂、文震亨论及家具的文字只是他们文章里很小的一部分；高濂《遵生八笺》18卷，洋洋30多万字，关于家具不到1500字。王士性《广志绎》63000字，范濂《云间据目抄》56300多字，关于家具的加在一起也才几百来字。王士性、范濂的文字是对当时家具的用木和式样、时尚现象的记录，以及表达自己对时尚的看法和批评，虽然牵涉到审美但毕竟非常粗略。高濂关于家具的几段文字虽然比王士性和范濂的相对具体一点，但由于书的主题是养生，所以把家具和帐子、被褥、枕头放在一起谈论，所涉家具的种类确实不多，描述也多限于功能。文震亨"几榻"是一篇专门论家具的文字，仅是《长物志》12卷中的一卷，2000字出头一点。但是它深入地谈了家具审美，信息量颇大，是明代乃至中国历史上最具代表性的文人家具审美论述。无奈古代文人对家具确实很不重视，留下的文献极少，相对历代文人留下的浩瀚的论述书法、绘画及各类艺术品的文本来说真可谓一鳞半爪。

文震亨"几榻"里谈到的家具共21种，按顺序分别是榻、短榻、几、禅椅、天然几、书桌、壁桌、方桌、台几[2]、椅、杌、凳、交床、橱、架、佛橱、佛桌、床、箱、屏、脚凳。[3]几、榻最为古老，其他家具应在几、榻之后，所以，文震亨将这一卷题为"几榻"。家具虽然种类很多，但实际只有几、榻、桌、椅（包括

图34-1　文徵明《楼居图》（局部）（纽约大都会博物馆藏）

1.（明）高濂：《遵生八笺》，"燕闲清赏笺"，中卷。

2. 台几是日本家具，关于台几的介绍很少，以致至今也不能确定台几是哪一种几。高濂说香几有两种，其中的"画案头所置小几，惟倭制佳绝"，应该就是台几。所以台几就是放在桌案上的小几。

3. 有趣的是，在这21种家具中竟然没有案。

图34-2　文徵明《楼居图》（局部），其中描绘了明代家具中传说的“螳螂腿”（纽约大都会博物馆藏）

禅椅、杌、凳、交床）、橱、床六个种类，文震亨还为“几榻”作了短序：

几榻：古人制几榻，虽长短广狭不齐，置之斋室必古雅可爱，又坐卧依凭，无不便适。燕衎之暇，以之展经史，阅书画，陈鼎彝，罗肴核，施枕簟，何施不可。今人制作，徒取雕绘文饰，以悦俗眼，而古制荡然，令人慨叹实深。志《几榻第六》。[1]

1.（明）文震亨：《长物志》，卷六，“几榻”。

从这段文字我们可以看出远古的几、榻的功能到明代还在继续：可以坐，也可以睡觉，又可以在上面阅书、作文、赏画甚至作画，还可陈列青铜器和小食等（参见图4）。这里文震亨将几、榻放在一起说，但它们还是有分工的：榻可以坐躺，同时也可以读书、阅画；几不能坐躺但可写字作画，同时陈列古玩供文人自赏。文震亨有点迫不及待，他嫉俗如仇，刚介绍完，紧接着就批评道："今人制作，徒取雕绘文饰，以悦俗眼，而古制荡然，令人慨叹实深。"他痛心疾首，认为当时人制作的家具上面雕刻和手绘图案都是为了取悦低俗的口味，而古代的高雅风格荡然无存。他为此感叹不已，所以要"志《几榻第六》"，就此点明了他写这篇文章的初衷和目的。文震亨在"几榻"里旗帜鲜明地阐述了什么是文人的家具审美，他第一个论述的家具就是榻：

> 榻，坐高一尺二寸，屏高一尺三寸，长七尺有奇，横三尺五寸，周设木格，中贯湘竹，下座不虚，三面靠背，后背与两傍等，此榻之定式也。有古断纹者，有元螺钿者，其制自然古雅。忌有四足，或为螳螂腿，下承以板，则可。近有大理石镶者，有退光朱黑漆中刻竹树以粉填者，有新螺钿者，大非雅器。他如花楠、紫檀、乌木、花梨，照旧式制成，俱可用。一改长大诸式，虽曰美观，俱落俗套。更见元制榻，有长一丈五尺，阔二尺余，上无屏者，盖古人连床夜卧，以足抵足，其制亦

1.（明）文震亨：《长物志》，卷六，“几榻”。

2. 明代标准尺分三种，营造尺为32厘米，量地尺为32.6厘米，裁衣尺为34厘米。参阅《中国古代文化史》，北京大学出版社，1991年。

古，然今却不适用。[1]

这段话里的信息非常之多，首先是尺寸。因为明代营造尺的一尺为现在的32厘米，[2] 所以文震亨说的榻高是38.4厘米，宽为112厘米，长则有2米多，一人躺睡绰绰有余。然后是式样，榻的三面都有用木格制作的框架，中间用湘竹排列，做成靠背，后面靠背要与两边的等高，榻的下面不是空的。文震亨说，这就是榻的固定式样。接着他进一步描述榻的细节，首先是漆榻，并认为有古断纹和元螺钿的榻为最好（古雅）。古断纹是指漆器时间久了而产生的断裂之纹，螺钿也是漆器的一种装饰手法，即用贝壳磨平刻成图案镶嵌在漆里。文震亨这里说的“元螺钿者”就是指明代以前的古榻（他下面说床时提到了宋、元床），毫无疑问，这种式样的漆榻他最为欣赏。但文震亨马上就指出：“忌有四足，或为螳螂腿，下承以板，则可。”意思是：榻不能有四条腿，螳螂腿也不行，下面部分用围板就行。螳螂腿是螳螂腿形状往里面弯的足，实物家具没有见过，但文震亨的祖父文徵明画过，有点像内翻马蹄足，但翻得比马蹄长得多，如厶，所以称螳螂腿（图34-1、34-2）。“下承以板”应该是对应上面说的“下座不虚”，即榻面以下是有木板围着的，即台座式，而不是空的。这种用板封围的榻实物不曾见过，但文震亨自己画了一个（图35）。根据文震亨图文的描述，榻的上面部分很像我们今天称为罗汉床的床，但下面部分不一样。今天的罗汉床为四条腿，下座没有围板。

这里有必要讨论一下罗汉床。艾克《中国花梨家具图考》里称其为“沙发”（Couch），[1]凯茨在《中国日用家具》里称其为“木炕”（Wooden Kang），他说：“我们也许应该称木炕为沙发或坐卧两用的长沙发椅（Daybed，直译为‘白天的床’。——笔者注），在中国南方几乎都通用木炕。”[2]安思远则直接用汉语拼音把它们写成Chuang（床），而不是Bed。他称架子床为“六柱有天花板盖的床”（six posts testered chuang），称拔步床为“壁龛床”（alcove chuang），而称没有靠背的榻为坐卧两用的长沙发椅（Daybed）。[3]相对艾克和凯茨，安思远的分类较为详尽且相对合理。艾克和凯茨都没有说对，安思远也没有完全说对。王世襄先生在《明式家具研究》里将床榻分成三类。他称安思远说的坐卧两用长沙发椅为榻，因为没有靠背。[4]这是第一类。他称有靠背的为罗汉床，为第二类。第三类为架子床。关于榻，王世襄先生是这样说的：“榻一般较窄，除个别宽者外，匠师们或称之曰‘独睡’，言其只宜供一人睡。文震亨《长物志》中有‘独眠床’之称，可见此名有来历。明式实物多四足着地，带托泥者极少。台座式平列壶门的榻，在明清绘画中虽能看到，实物有待发现。”[5]文震亨说的榻是明以前的古榻，可能是古画里常看到的平列壶门台座式榻（参见图4），更可能是三面围屏下座全封闭榻（图35）。他说要忌讳四足的原因就是当初已经有人将榻制作成四足的了，这样可以省工省料，所

1. Gustav Ecke, *Chinese Domestic Furniture*, p.17/22.

2. George N. Kates, *Chinese Household Furniture*, p. 98. 凯茨称北方的炕为砖炕。

3. Robert H. Ellsworth, *Chinese Furniture—Hardwood Examples of the Ming and Early Qing Dynasties*, pp.140-46.

4. 王世襄：《明式家具研究》71页：“北京匠师称只有床身、上面没有任何装置的卧具为‘榻’。”

5. 王世襄：《明式家具研究》，“文字卷”，71页。安思远《中国家具——明和清早期硬木家具范例》中有件15—16世纪日本漆桌（19页，图4），实际很可能是台座式平列壶门榻。这件是唐时代开放式结构家具，是唐或明以前流传至日本的。

图35　文震亨《唐人诗意图册》(局部)(故宫博物院藏)

以流行。但文震亨不认同潮流，他认为那样的榻不古雅，与文人的审美不符。这也印证了王世襄先生说的明代实物带托泥的榻极少，更别说台座式榻了。文震亨将“床”作为单独一条，即第十七条，里面他提到了独眠床：“床以宋元断纹小漆床为第一，次则内府所制独眠床，又次则小木出高手匠作者亦自可用。”[1] 文震亨将榻和床分开论述，而且提到“宋元断纹小漆床”，证明床、榻早在宋元就是两种各自独立的家具。它们的差别为榻的三面有靠背，而床没有，这与王世襄先生的分法正好相反。独睡就是内府的“独眠床”，是政府机关晚上给值夜班人员睡觉的床；一个人睡，所以叫“独眠床”。它很窄，没有靠背，因此是床而不是榻。王世襄先生援引文震亨《长物志》所说的独眠床时没弄清床和榻两者的关系，而是根据老北京匠师的说法，把独眠床说成了榻，以致现在大家都称三面没有围屏的床为榻。仔细读文震亨“几榻”就可以清楚地知道，我们现在称为“罗汉床”的床就是榻，而不是床。总之，文震亨“几榻”整篇没有提到罗汉床，说明罗汉床是一个较晚的名称。我们今天称为罗汉床的床，实际上就是文震亨当年反对的有四足的榻。而《明式家具研究》里说的榻应该是床，因为三面没有靠背。文震亨“几榻”里“床”一条如下：

以宋元断纹小漆床为第一，次则内府所制独眠床，又次则小木出高手匠作者亦自可用。永嘉、粤东有折叠者，舟中携置亦便，若竹床及飘檐、拔

1.(明)文震亨：《长物志》，卷六，“几榻”。

步、彩漆、卍字、回纹等式，俱俗。近有以柏木琢细如竹者，甚精，宜闺阁及小斋中。[1]

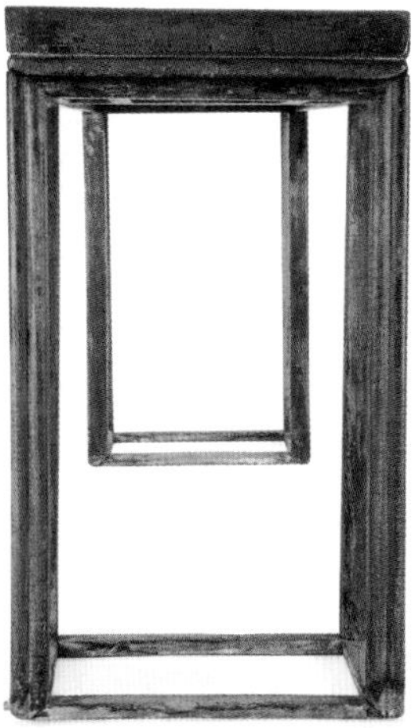

图36　仿竹架几式长翘头案侧面，详见177页（马可乐藏，崔鹏摄）

从文震亨的描述来看当时的床有三类：一类是尺寸窄小没有靠背的床（包括独眠床）；另一类是浙江、广东等地船上用的可以折叠的床；第三类是用卍字或回纹格等装饰的，我们今天称之为架子床的大床，以及外形看上去像一间小屋子、三面有围板和天花板床顶的拔步床。飘檐是指床正面上方像屋檐的装饰。拔步床有两个部分，上床先跨进小空间，然后再是床，私密性极强。彩漆往往是人物故事图绘或木雕漆饰，因而凡俗，而卍字、回纹格图案都抽象简单，但文震亨还是认为俗。由此可见文人对俭朴的要求之高。

在说明了什么是高雅品位的榻式样之后，文震亨立刻就对当时的漆艺风格进行了批评。他罗列出当时流行的漆榻风格："近有大理石镶者，有退光朱黑漆中刻竹树以粉填者，有新螺钿者，大非雅器。"其中退光朱漆或黑漆可能是做旧，因为新漆的光亮足以照人，所以要退光，也就是为了让榻看上去不那么簇新而做了退光处理。漆器上刻字或图案后填绿粉色是今天常见的漆器装饰手法，但在明代可能还是一种新创的风格，因为明之前的漆器不见此类做法。镶嵌螺钿则很古老，在唐代就非常流行。但文震亨认可的是古（明以前）而非新螺钿装饰，这很可能是因为新螺钿图案俗气。他认为新镶嵌的螺钿、刻竹树图案填粉色、朱黑漆做旧、镶大理石等

1.（明）文震亨：《长物志》，卷六，"几榻"。

做法的榻都“大非雅器”。

我们从“几榻”一篇里还可以看到明代的漆器家具非常普遍，其中写到的21种家具提到漆的有17种之多。存世明清家具绝大部分都是原来有髹漆的，我们今天看到的一些没有髹漆的明清原木质家具，往往是因为原漆被清理掉了，而真正的原木质家具极少。原木质家具应该是木纹美的木材，如文震亨在“天然几”一条里说：“天然几以文木如花梨、铁梨、香楠等木为之。”文木即木纹显著而漂亮的木材，文震亨这里所说的“天然几”应该是指没髹漆的原木质几，而不是几的一种式样。家具髹漆在文震亨家具审美里是一个很重要的部分，他对髹漆的详尽论述使我们可以深入了解文人的审美倾向。他论述第一种家具——榻时，在尺寸和式样之后就对漆饰展开讨论，并为文人对髹漆家具的审美定了调：必须以有古断纹者为上品。再比如，当他提到橱时，以为“黑漆断纹者为甲品”；关于床，他认为“以宋元断纹小漆床为第一”；说到方桌时虽然没提漆断纹，但他还是说：“方桌旧漆者最佳”，等等。家具上的漆的裂纹，是漆皮与木材在不同湿度下由微妙的不同收缩性所致，是一种必须经过长时间积淀而产生的古旧现象。所以，漆器的断裂纹非常符合文人的审美。由于有断裂纹的漆器家具通常是年代久远的古家具，因此文震亨称之为“古雅”“第一”或“甲品”。

但是，文震亨并非唯漆是赞，他对不少髹漆家具进行了猛烈批评。如说到台几：“若红漆狭小三角诸式，俱不可用。”[1] 说到交床：“金漆折叠者俗，不堪用。”[2] 说到书桌时指出：“漆者尤俗”。[3] 书桌是文人用来阅文、写字的桌子，是文人生活中非常重要的一小块净地，必须朴素无漆。关于架，文震亨说的架是书架，是文人使用的重要家具，他说：“竹架及朱黑漆者，俱不堪用。”[4] 与文人活动有关的家具还有前面谈到的旧漆方桌。作为家具，方桌很是特别，因为它有两个极端不同的功能，其中一个与文人活动有关，另一个则是平常用的饭桌。文震亨是这样说的：（尺寸大的方桌）“列坐可十数人者，以供展玩书画，若近制八仙等式，仅可供宴集，非雅器也。”[5] 大方桌可以用来展玩书画，因此就没问题。而尺寸略小的八仙桌（方桌）在文震亨眼里就成了“仅可供宴集，非雅器也”。可是，文人也要吃饭，那什么是文人吃饭的雅器？文震亨接着说：“燕几别有谱图。”[6]“燕”同“宴”，燕几应当就是文人吃饭用的几。虽然文震亨说还有燕几的图谱，但“几榻”里面没有附录，所以我们不清楚燕几的式样。略早于文震亨的王圻、王思义在《三才图会》里说到一种几，很古老，用于筵掌，又称燕几。[7] 文震亨将世俗生活与文人生活分得清清楚楚，由此可知，家具功能与文人活动有无关系直接影响到其审美。从以上分析可以看出，文震亨不是单纯以家具的髹漆与否来作为雅俗判断的依据，而是根据家具与文人生活的关系以及家具式样和髹漆的历史延续性来做审美判断。

文震亨不仅对家具的式样和装饰工艺有非常具体、近乎苛刻的要求，在尺寸上也是如此。他对当时有人将

1.（明）文震亨：《长物志》，卷六，“几榻”。
2. 同上。
3. 同上。
4. 同上。
5. 同上。
6. 同上。
7. 明王圻、明王思义的《三才图会》“器用十二卷”云：“汉李尤几铭叙曰：黄帝轩辕作，则几创自黄帝，其来已古…… 厥后司几筵掌……君子凭之以辅其德……今曰燕几，曰书桌，曰天禅几，曰香几，长短大小不齐设之。”万历三十七年（1609年）刊印。

图37　藤面二出头高背刻花椅（灯挂椅）。详见246页（蒋奇谷藏，柴爱民摄）

榻的尺寸改长就很不赞同："一改长大诸式，虽曰美观，俱落俗套。"榻的尺寸大了好看，但文震亨认为就是不行。因为"古制"不存焉，大家纷纷往长、大里做，就落了俗套。但是，文震亨并非一味守古，他对古制也有批评："更见元制榻，有长一丈五尺，阔二尺余，上无屏者，盖古人连床夜卧，以足抵足，其制亦古，然今却不适用。"他看见的这张元代榻很长，上面没有屏，很奇特。虽然毫无疑问是古制，但文震亨觉得并不适用。为什么到明代就不适用了呢？这里还是牵涉到一个审美的问题。这张长榻三面无屏，所以不符合通常意义上的"古制"，文震亨认为并非古代的家具就符合古制。这张元榻出于实用，可睡两个人，但两人脚对脚睡在一张榻上很不雅观。所以尽管是元榻，但非雅器也。文震亨的这段话还告诉我们，文人的家具审美虽然是以"古制"为核心构架，但不能单单看字面上的"古制""古式""古雅"，因为"古"是经过历史的沉淀，里面含有一代代文人的选择、舍俗取雅，而非所有的古代制作的家具都是古雅的家具。文震亨的审美观及态度对我们当下的家具审美极具意义。今天当我们看到一些用料讲究、做工精细的古家具就赞不绝口，蜂拥而上，且不知用料讲究、做工精细的古家具很多都是俗不可耐，以审美的角度看就是趣味低下的家具。文震亨400年前就给我们明确了家具的审美标准，即家具的尺寸、式样、工艺、木材等诸多因素都要符合文人心目中的美，且须是全方位，缺一不可的。这非常值得我们借鉴。

说了榻的尺寸和式样，批评了漆饰，文震亨开始谈木材："他如花楠、紫檀、乌木、花梨，照旧式制成，俱可用。"这里的"他"就是指漆器榻以外的原木质榻。在文震亨的"几榻"之前，范濂、王士性都已提到了多种当时做家具的木材：范濂提到榉木、花梨、瘿木、乌木、相思木、黄杨木，王士性观察到当时南方崇尚的紫檀和花梨。但"几榻"里关于家具木材选用的信息更为详细具体，谈论的次数共达八次之多。关于做榻用木依次列为：花楠、紫檀、乌木、花梨。[1] 在文震亨看来，做榻的木料首选应该是花楠，而后才是紫檀，再是乌木，花梨排在最后。文震亨并非看轻花梨、紫檀，而是认为木料的选择要根据家具审时而定。他首选花楠是因为楠木的密度没有紫檀、乌木和花梨的高，冬天体感比较暖和。而他对天然几木材的选择就把花梨、铁梨放在前面，楠木在其后。这是因为花梨、铁梨比楠木硬而耐磨，与人体直接接触的机会比榻少，几上面常会放一些硬物，如瓷器、青铜等摆件，所以花梨、铁梨在前，楠木在后。罗列了做榻木材之后，文震亨再次强调：榻的式样要"照旧式制成"，即必须要符合文人审美之核心。

文震亨最为明确的家具木材的选择是橱："大者用杉木为之，可辟蠹。小者以湘妃竹及豆瓣楠、赤水、椤木为古。黑漆断纹者为甲品，杂木亦俱可用，但式贵去俗耳。"[2]这次文震亨既没提紫檀，也没提花梨，更没有提铁梨和乌木，而是将杉木放在首位。他认为做大橱必须用杉木。大橱可以放很多书，往往是不经常翻阅

1.（明）文震亨，《长物志》，卷六，"几榻"。
2. 同上。

的，所以用杉木可以防蛀虫。小橱应该是放平常阅读的书，所以文震亨给小橱罗列了湘妃竹、豆瓣楠、赤水、椤木为材，而且说“湘妃竹及豆瓣楠、赤水、椤木为古”。这说明明代以前小橱应多由湘妃竹、豆瓣楠、赤水、椤木等竹木制成。赤水木《格古要论》里称其“色赤，纹理细，性稍坚且脆，极滑净”[1]。我们无法确定赤水木是今天的哪一种木材，但根据其“性稍坚且脆”的木材特性推测可能是红杉。椤木《格古要论》里也有描述：“色白，纹理黄，花纹粗亦可爱，谓之倭椤，不花者多，有一等稍坚理直而细，谓之革椤。”[2]我们可以看到，当时的椤木有日本椤和革椤之分，其木性“稍坚理直而细”，应该是与赤水木类别接近的木材。文震亨还特别提到了杂木。“几榻”里一共两次提到杂木，另外一次是说凳子“不则竟用杂木黑漆者，亦可用”[3]。这是很重要的古代木材信息。我们当然很想知道明代哪些木属于杂木，可惜文震亨没有具体说明。但有一点是肯定的，即他所提到的楠木、赤水木、椤木都不是杂木，柏木更不是杂木，因为他说到床的用材时讲道：“近有以柏木琢细如竹者，甚精，宜闺阁及小斋中。”[4]而遗憾的是，今天这些木材往往都被归为杂木。文震亨无疑知道紫檀、花梨的贵重，但他不介意用杂木做橱。这说明他生活得如此实在，只讲求物尽其用而对木材没有任何偏见。橱是藏书用的，是文人生活中重要的家具，没有必要用紫檀、黄花梨等贵重木材来做。如果用了，反而有点像在显摆，不符合文人含蓄、朴素的品格。文震亨说

1（明）曹昭：《格古要论》，“异木论”。
2 同上。
3.（明）文震亨：《长物志》，卷六，“几榻”。
4. 同上。

的有黑漆断纹的橱是古橱，又说杂木也可以做橱。一个黑漆古橱，一个杂木现做的橱，二者差别甚大，但在功能上一样，即放书用。我们为什么不能像古人一样活得实在一点呢？对于杂木橱，功能之外还有一件重要的事，即审美。具体说就是式样，所以文震亨在说了“杂木亦俱可用”之后，立刻又说：“但式贵去俗耳。”关于式样，无论大橱、小橱，文震亨都有极其细致的描绘：

藏书橱须可容万卷，愈阔愈古，惟深仅可容一册，即阔至丈余，门必用二扇，不可用四及六。小橱以有座者为雅，四足者差俗，即用足，亦必高尺余，下用橱殿，仅宜二尺，不则两橱叠置矣。橱殿以空如一架者为雅，小橱有方二尺余者，以置古铜玉小器为宜……黑漆断纹者为甲品，杂木亦俱可用，但式贵去俗耳。铰钉忌用白铜，以紫铜照旧式，两头尖如梭子，不用钉钉者为佳。竹橱及小木直楞，一则市肆中物，一则药室中物，俱不可用。[1]

要容下万卷书需要多少个大书橱啊！书橱“愈阔愈古”，这里的“古”体现在尺寸上，反映了古代文人的博学（书多）。以明代一尺（32厘米）计算，一丈左右差不多是三米，而深度只容一本书，这样的橱找书方便。这么大的书橱还不能有四或六扇门而只能有两扇！这种橱放在今天也很难想象。后来李渔也遵循文震亨的做橱原则。[2] 文震亨对小橱更是苛刻：有座古雅，四足

1.（明）文震亨：《长物志》，卷六，“几榻”。

2. 李渔：“造橱立柜，无他智巧，总以多容善纳为贵。”《闲情偶寄》，“一家言居室器玩部”。

的就俗了（有点像他说的榻）。如四足必须要有橱殿。橱殿尺寸为二尺，橱为一尺多一点，比例接近二比一。也就是说橱殿要高于橱身，不然，两者尺寸太平均（叠置），会给人一种橱重殿轻不稳的感觉。还没完，他说，“橱殿以空如一架者为雅”，即古雅的橱殿就是一架子，他认为，这样比四面围板的橱殿要来得雅（这又与他说的榻正好相反，但这是小橱的第二选择，第一还是“有座者为雅”）。小橱还有一种两尺见方的式样。因为是两尺，所以应该有两层，可以两层都放书，也可以一层放书，另一层放青铜、玉器等古玩。在存世的明代家具里，我们很少能找到文震亨说的这种小橱。安思远《中国家具——明和清早期硬木家具范例》里有一只榆木小书橱：有四条小短腿，正面和左右两面都用细细的木条（可能是仿湘妃竹），后面为木板（安思远认为原来可能四面都是细木条）。[1] 这只橱接近文震亨描述的小橱式样。这种小橱后来可能发展成亮格柜。[2] 因为从功能上看，上面可放古玩，下面放书，尺寸比例也与文震亨说的加橱殿的小橱相近。

关于橱的铜部件，文震亨也有极为细致的要求：橱门的铰链不能用白铜而要用紫铜，因为白铜耀眼（新的时候）。即便是紫铜，式样还必须是旧式的：上下两头要像梭子一样尖尖的，而且最好的铰链是不钉钉子的那种。我们不得不敬佩文震亨，他连家具上的一个铜铰链的式样也不疏忽，这完全说明了文人审美的极致。王世襄先生说“明和清前期家具所用的铜叶绝大多数是

1. Robert H. Ellsworth, *Chinese Furniture—Hardwood Examples of the Ming and Early Qing Dynasties*, pp. 211, 265. 这种小橱后来可能发展成了亮格柜。

2. 参阅王世襄《明式家具研究》“图版卷”里的小亮格柜，147页；图丁15；“文字卷”，13页。

白铜”[1]，说明当时用紫铜的极少，这更证明了文震亨的审美观是反潮流的。铜铰链是小橱用的，而大橱多用顶柱竖档滑轨合榫。关于榫卯，王世襄先生的《明式家具研究》从各种板材的接合到家具各个部件的接合都讲述得非常细致，但没有提到橱门的顶柱竖档滑轨合榫。这种榫卯结构使橱门能够拆卸，是智慧的古代木作匠人发明的独一无二的橱门榫卯。安思远在他的《中国家具——明和清早期硬木家具范例》中用大段文字详细描述了滑轨合榫并配有图片，他特别提到，橱门中央的可拆卸的活动竖档既可以牢固锁门，又可移开放大件物品。当理解了中国家具榫卯的巧夺天工之后，安思远不禁感慨，这些榫卯是人类有史以来最复杂而精致的结构。[2] 在说完橱应该具有的式样以后，文震亨还不忘指出文人不应该用的“竹橱及小木直楞”，原因是，“竹橱”即市场里的货架，“小木直楞”则是四面笔直有棱角的小木橱，是药店里放药品用的橱，文人便“俱不可用”。这里文震亨再一次表明文人的家具必须与文人的生活紧密相连。

“古”“旧”是文人审美系统里的两个重要概念。文震亨在“几榻”这篇短短的文章里反复提到古和旧。如“古式”“古制”“旧式”“其制自古”“其制亦古”“其制最古”“须照古式为之”“照旧式”“不得旧者亦须仿旧式为之”，等等，共二十多处。“古制”“古式”就是古代家具的式样。旧式在时间上可能没有古式久远，但一定是受古式的影响，可能在继承古式的基础上又有某些

1. 王世襄：《明式家具研究》，146页。
2. Robert H. Ellsworth, *Chinese Furniture—Hardwood Examples of the Ming and Early Qing Dynasties*, pp.58, 61, 62.

图38 （宋）佚名《十八学士图》（局部）（台北故宫博物院藏）

改变。因此，古、旧两式可视为一体，都是文震亨所崇尚的家具式样。分析了“几榻”后，我们可以清楚地看到，具体的“古式”包括尺寸、式样、髹漆及木材四个部分。尺寸非常重要，文震亨虽然没有交代所有家具的尺寸，但他列出的几件不同家具的尺寸都非常具体，毫不含糊。前面已经说了榻和橱的尺寸，还有如天然几“长不可过八尺，厚不可过五寸”[1]，如“书桌中心取阔大，四周镶边，阔仅半寸许”[2]，如脚凳“长二尺，阔六寸”[3]。脚凳是用来按摩脚底的小凳，“两头留轴转动，以脚踹轴，滚动往来，盖涌泉穴精气所生，以运动为妙”。[4]文震亨竟然还那么仔细地说了脚凳的尺寸和用途。他还说到了踏凳。踏凳与脚凳不一样，踏凳是用来搁脚的小凳：“竹踏凳方而大者，亦可用。古琴砖有狭小者，夏月用作踏凳，甚凉。”[5]可见文人的思想是很开放的，并不拘泥于材质和用途不同的俗约，搁古琴的砖夏天可以当踏凳。然而，文震亨对式样又是如此地严谨、认真。如榻：“周设木格，中贯湘竹，下座不虚，三面靠背，后背与两傍等。”[6]如书橱（大）：“门必用二扇，不可用四及六。”[7]如天然几：“飞角处不可太尖，须平圆。”[8]如书桌：“足稍矮而细”[9]。髹漆包括螺钿是家具外表装饰处理的工艺，文震亨对此有明确的立场，即元代螺钿，古漆断纹为尚。值得我们注意的是，文人家具“古”的审美取向还延伸到木材上。虽然当时紫檀、花梨已成为人们趋之若鹜的时尚木材，但文人并不随波逐流。最为可贵的是，文震亨对杂木没有偏见，他两次提

1.（明）文震亨：《长物志》，卷六，“几榻”。
2. 同上。
3. 同上。
4. 同上。
5. 同上。
6. 同上。
7. 同上。
8. 同上。
9. 同上。

到可以用杂木，因为他认为家具不仅尺寸、式样要符合文人的审美，木材的选择也不例外。文震亨对木材的判断是根据实际需要和文人审美，而不是贵贱或时尚。他描述式样和木材的几大要素构成“古式”“古制”的审美内容，是明代文人对家具非常具体的审美标准，可谓事无巨细。除了文震亨再没有人给家具做过如此细致具体的审美规范。高濂写过香几，虽然也很具体，但没有谈到香几的古式。读过高濂《遵生八笺》可以发现，他其实对“古式”也极为推崇。他说墨盒：“以紫檀、乌木、豆瓣楠为匣，多用古人玉带花板镶之。”[1]他在论及古琴时说：“琴为书室中雅乐，不可一日不对清音居士谈古。”[2]说到蜡斗：“古人用以炙蜡缄启，铜制，颇有佳者，皆宋、元物也。”[3]所以，对“古制”“古式”的崇尚是文人审美的一个共性。

家具一旦具备或达到古制、古式的形态，就进入古雅、古朴的文人审美境界。作为一个完整的审美系统，文震亨还提出与“古”和“旧”相对立的“今”和“近”两个概念，以及“古雅”和“古朴”的审美对立面“俗”和“非雅”。“今”就是当下，“近”则是不远的过去；今在古的对比下显得窘迫和羞愧，古在今的反衬下显得更为可贵，是一种升华。文震亨在“几榻”里提到今、近、俗有十几次之多。他说的今、近就是指一些明代晚期流行的家具风格。文震亨在“几榻”序中就说：“今人制作，徒取雕绘文饰，以悦俗眼，而古制荡然，令人慨叹实深。”在说到禅椅时他批评道：“近见

1.（明）高濂：《遵生八笺》，“燕闲清赏笺”，中卷。
2. 同上。
3. 同上。

有以五色芝粘其上者，颇为添足。”[1]说到方桌：“若近制八仙等式，仅可供宴集，非雅器也。”[2]说到榻的改长：“一改长大诸式，虽曰美观，俱落俗套。”说到书桌：“凡狭长混角诸俗式，俱不可用，漆者尤俗。”[3]说到交床：“金漆折叠者俗。”[4]在天然几一条中，文震亨说得最痛心疾首：“近时所制，狭而长者，最可厌。”[5]他不能容忍审美瑕疵就像不能容忍眼睛里的沙子。但文震亨并没有在今与俗、近与非雅之间画等号，比如台几：“近时仿旧式为之，亦有佳者。”也就是说，当下风格要延续古代的传统，而不是割断，不是我们现在说的反传统。俗有粗俗、艳俗两类。从文震亨的“几榻”里看，他所痛恨的如“徒取雕绘文饰”“有以五色芝粘其上者”“金漆折叠者俗”等都是艳俗。艳俗与奢侈有联系，是经济富裕后对能炫耀财富的所谓“美”拼命追求的结果。当富裕速度超过文化建设的速度时，艳俗就无法避免。中国历史上对奢侈和艳俗的向往和追求是有传统的。上至宫廷巨宦、富商豪贾，下及平民百姓等社会各个阶层，无不如此，只是权力和经济能力的大小不同而已。但文人反对奢侈和艳俗。一个远早于明代的例子是东晋王羲之。他在《笔经》里写道：“昔人或以琉璃、象牙为笔管，丽饰则有之，然笔须轻便，重则踬矣。”[6]中国人奢侈得连细小笔杆也不放过，但王羲之坚持以笔的书写功能为首——笔必须轻便。他认为琉璃、象牙分量太重，妨碍书写。王羲之接着说：“近有人以绿沉漆管及镂管见遗，录之多年，斯亦可爱玩，讵必金宝雕

图39　朱漆宝剑腿画案。松木，116.5厘米长，81.5厘米宽，85厘米高（刘山藏，张召摄）

1.（明）文震亨：《长物志》，卷六，“几榻”。
2. 同上。
3. 同上。
4. 同上。
5. 同上。
6.（宋）苏易简：《文房四谱》，卷一，“笔谱”。王羲之的论著除《自论书》以外均被认为是托名伪作，但这篇的论点的确符合文人追求简朴的审美理念。

1.（宋）苏易简：《文房四谱》，卷一，“笔谱”。王羲之的论著除《自论书》以外均被认为是托名伪作，但这篇的论点的确符合文人追求简朴的审美理念。

2.（明）王士性：《广志绎》，卷二。

琢，然后为贵乎。”[1] 绿沉漆始于魏晋南北朝，是在漆里加石绿而呈暗绿色，看上去如沉浸在水中，所以叫“绿沉”。镂管即空心的笔管。从这句话里我们可以看到王羲之的文人气质和审美：他认为的贵（美）不是“金宝雕琢”，而是便于书写，同时也可以把玩的“绿沉漆管及镂管”的毛笔。

1200多年后，文震亨在家具审美上仍承袭了这一以实际功能为出发点的文人传统。在家具式样、装饰工艺与实际生活之间的关系上，在奢侈和简朴的取舍之间，文震亨与其他明代文人都是立场鲜明，嫉俗如仇。现在不少谈家具的书籍援引王士性关于当时家具以紫檀、花梨为材，以及雕刻崇尚商、周、秦、汉风格的记录，而只字不提他对当时社会风气的批评。王士性在说了木材和式样之后紧接着就说：“至于寸竹片石摩弄成物，动辄千文百缗，如陆于匡之玉马，小官之扇，赵良璧之锻，得者竞赛，咸不论钱，几成物妖，亦为俗蠹。”[2] 王士性指名道姓，将当时一些值千钱的工艺品怒斥为“物妖”和“俗蠹”。现在由于经济富裕，人们穷奢极侈地狂购毫无创意的家具及工艺品，所以王士性的批评对当下这种奢侈社会风气也同样适用。

本章前面说到了唐代文人建造草堂、宅园“以俭为饰，以静为师”的简朴审美立场，以及“材不斫，全其朴；墙不雕，分其素”的建造方法，表明了文人的建筑审美。但唐代家具的情况有所不同。唐代正处于家具由低（席地坐）往高（椅坐）发展的过渡时期，所以唐代的家具还没有定型。相对明代，唐代已经属于较远的古代，唐代家具的式样如果放在明代全然就是古式。唐人没有家具方面的论述，不过，唐人对唐代之前的绘画有非常深入的论述，我们可以参考借鉴。唐代画家、绘画理论家张彦远对唐之前的古代绘画就有点睛之笔的描述："上古之画，迹简意淡而雅正"[1]，意思是用笔很少，在意境上达到了淡雅。在这点上，唐代绘画审美观念与文震亨家具审美观念如出一辙。再让我们看一下元代画家赵孟頫对"古"的精彩论述："作画贵有古意，若无古意，虽工无益。"[2]他对当时的绘画也大有微词："今人但知用笔纤细，敷色浓艳，便自谓能手，殊不知古意既亏，百病横生，岂可观也。"[3]赵孟頫说的"古意"是什么呢？他将自己的画作例子："吾所作画，似乎简率，然识者知其近古，故以为佳。"虽然赵孟頫有点自吹自擂，但我们可以得知，"简率"是绘画有古意的一个要领，从而成为雅与俗的分水岭。从草堂到绘画再到家具，我们可以看到唐、宋、元、明文人审美的"古""今"之分，从而理解他们崇尚简朴、简率、意淡，反对浓艳、焕烂、低俗和"徒取雕绘文饰"的审美态度。

我们现在可以总结一下文人的家具审美：它是以"古"为核心。为什么要"古"？"古"不是一个越老越好的时间概念，而是古人的纯真简朴，是文人审美的核心。古式首先是尺寸，然后是式样，再是木材和装饰，其中尺寸为首。尺寸、式样、装饰工艺都要以简单

1.（唐）张彦远：《历代名画记》，卷一，"论画六法"。参阅承载：《历代名画记全译》，贵州人民出版社，2009年，54页。
2. 李修生主编：《全元文》，卷五九四，"赵孟頫"四"自跋画卷"，凤凰出版社，1998年。
3. 同上。

古朴为原则。木材则要根据不同家具的功能进行选择，而不应该根据等级。文人家具审美还和他们的生活紧密相连。这不是普通意义上的生活，如吃饭、睡觉等，而是文化和精神生活，如读书、写字、绘画。这些文震亨在“几榻”里讲述得非常清楚：书桌、书架不能有漆，橱可以用杂木（杉木不是杂木），凳不但可以用杂木，并且可以上黑漆。[1] 对于当时一些家具上的雕镂及绘图等装饰手法，文震亨明确批评是“徒取雕绘文饰，以悦俗眼”，但值得注意的是，他对雕镂并非一概否定，而是认为要掌握一个度。在天然几一条里文震亨说，可“略雕云头、如意之类”，但紧跟着又说：“不可雕龙凤花草诸俗式。”龙凤花草诸式是大众世俗化审美，与文人审美大相径庭。文震亨在崇祯年间时任中书舍人武英殿给事，他一定看到过许多宫廷家具，说不定看见过那件著名的宫廷家具——满工剔红漆雕的三屉供案（宣德）。[2]他会怎么说？答案很可能是：“徒取雕绘文饰，以悦俗眼。”还有艾克收藏的著名的黄花梨架子床和卍字纹大床[3]，文震亨早有定论：“若竹床及飘檐、拔步、彩漆、卍字、回纹等式，俱俗。”这些都是今天市场里被热烈追捧的床的式样，尤其是卍字、回纹等装饰的大床，但在文震亨眼里均为俗器。这令人不禁想问，我们今天的家具审美较之明代是进步还是退步了呢？

《明式家具研究》里十六品和八病的提出深化了我们对明式家具的审美认识。品就是美的规范，病则是美的对立面。王世襄先生将“简练”放在十六品第一，说

1.（明）文震亨：《长物志》，卷六，“几榻”。

2. 现藏于英国伦敦维多利亚和阿尔伯特博物馆（Victoria and Albert Museum）。图片参阅王世襄《明式家具研究》，“文字卷”，71页，乙139号。

3. Gustav Ecke，*Chinese Domestic Furniture*，pp.29，39. 参阅王世襄《明式家具研究》，“图版卷”，134页，丙16、19号。2017年嘉德春拍有一件架子床，谭向东先生写了一篇文章《艾克遗珍之黄花梨架子床将上拍嘉德春拍》（谭向东新浪博客第874篇），详细介绍了这件家具的来龙去脉。但实际上拍的并不是艾克的那件，而是款式相同的另外一件。

明他非常理解文人的家具审美，但所列的很多品却与文人审美相悖。比如第五品“雄伟”。文人怎么会把雄伟作为他们的家具审美呢？还有第八品“秾华”，第九品“文绮”。秾是艳丽、丰硕、茂盛的意思，“秾华”即繁盛艳丽的花朵，用来形容女性青春貌美。而“文绮”是华丽的丝绸，在古代也比喻华丽的诗句。“绮襦纨绔”是指穿着华丽衣服的富家子弟，唐代诗人袁晖作过“有恨离琴瑟，无情着绮罗”的诗句。范濂对纨绔们一掷万钱购置细木家具有过严厉批评，所以，“文绮”怎么能作为明式家具的一个品呢？还有第三品“厚拙”与第六品“圆浑”之间的具体区别在哪里？王世襄先生的观点可能是受从前老北京匠人的影响，多为清朝贵族等级观念的反映。古代家具风格多样，审美渊源亦错综复杂，如要确立家具审美的规范，还须研究历史留下的文人论述。

文人家具审美最重要的是体现文人精神气质，体现文人对生活的立场和态度。这种立场和态度可归结为“简朴”两字，就是简单朴素，与繁复矫饰正相反。今天，大家都说敬仰文人精神，喜爱文人家具，但在真正明白了什么是文人的家具审美之后，还能够真心诚意地接受一件外表看似简单、普通，却内含文人精神的家具就不容易了。因为这需要勇气，需要在审美上告别一些贵重木材家具，需要重新审视时尚潮流，甚至需要改变自己的生活和思考方式。

七、明清简式白木家具范例

本书选择的家具种类以文人书写、作画、弹琴的桌案为主体，再加上椅凳、橱柜、床榻等与文人生活最直接相关的家具。上一章讨论了文人家具审美，其核心即崇尚古意，崇尚简朴，自然随心而贴近生活，可以“简式”一词来概括。本书选入的家具风格简洁，所使用的木材为各类白木，年代为明、清，从而组成“明清简式白木家具”概念。虽然有点长，然明确了年代、材质和风格范围，以图避免“明式家具”一词所带来的含糊、笼统。

要在存世的实物家具上证实上一章讨论的文人家具审美是一件有趣但又不容易的事。与一些已经出版的有关家具的书籍不同，本书在选择家具时将体现文人审美作为重点，力图在风格和视觉上做深入的探讨，以明确文人家具简朴的审美主线。同时也选一些属于非文人审美的家具，如几8、案20、案21、案24，并做两者之间的比较。本书在家具的地域范围上也做拓展：不限于某一发源地，如苏州，而是包括北方在内的更为广大的区域。这样做的目的是尽量接近中国木作家具史的真实，给读者一个比较完整的面貌。

在传统上，人们似乎对南方硬木家具比较重视，从王世襄到艾克、凯茨、安思远等中外学者的主流观点都是南方家具优于北方家具。[1]这个观点的形成固然有其原因，但属于偏见，因为事实并非如此。美并非由材料或做工决定；材料和做工只是木作家具的两个因素，在不同审美的引导下，同样的材料和做工会有全然不同的结果。因此，材料并非硬木就美，做工更不是精细就好。美不能孤立存在，不能与历史和文化分开。

必须注意的是，南方和北方由于气候等生态环境不同而长有不同种类的树木，因此家具的用材也不同。再加上南方和北方气候、冷热、干湿的差异很大，对家具会产生不同的影响，所以从制作到使用和保存等方面都会有所不同。更重要的是，千百年来南方和北方形成了不同的地域文化，造成南北两地对美的不同观念和表达，产生了不同的审美趣味和取向，最终在家具的造型及制作工艺上形成南、北迥然不同的风格。

家具的南、北风格各自可以苏州和山西为代表。苏州与山西远隔千里，在春秋时期分别属于吴国和晋国，各自的历史都非常悠久。就家具风格来说，可以在地域上将它们作为两个中心，形成一南一北的两个点。南、北家具风格分别在这两个中心形成，然后往外辐射散发，并相互影响。两点之间的地区是两个中心点影响辐射的交叉地区。如果作为一个整体，南、北家具差异巨大而各有千秋，在中间区域的家具风格上，我们常可看

1. 艾克在他的书的开头就赞美苏州的工匠。他除了提到苏州，还提到扬州，而没有提北方。参阅艾克《中国花梨家具图考》1、29页。凯茨认为南方的工艺比北方的精细，但他比较谨慎，坚持要有更多的研究才能下结论。参阅凯茨《中国日用家具》4—6页。王世襄先生得出结论："如言精制的家具，据现知的文献和实物资料来看，有苏州、广州、徽州、扬州等几个地区，其中自以苏州最为重要"，而没有提到北方。参阅王世襄《明式家具研究》"文字卷"，21页。

到来自南、北两方面的影响。

南、北家具的风格在某种意义上处于审美的两端。北方家具粗犷而大气，一些家具由于年代久远而留下岁月的痕迹和损伤，显得悲怆。北方家具的髹漆大多为黑色，沉重肃穆。从造型看，北方家具外形夸张，线条锋利简率，绝不拖泥带水，反映了北方人性格的直率豪爽；一些家具看上去甚至有点威猛彪悍，具有强烈的视觉冲击力（见桌3、9，案23，椅2、3）。南方湿润的水土、温和的气候滋养了心手细腻的匠人，从而使南方家具柔润含蓄，温文尔雅（见案10，桌28，椅8、10）。对比北方家具，我们可以看到南方家具总体清瘦，甚至有点娇弱，而从整体结构到各个细部都精致无比；榫卯缜密，分寸适宜，同时又体态谦逊，得体从容而全无抢眼之处，看着却让人心旷神怡。

在审美感受上，一件北方家具，它的外形往往让你第一眼就为之一震。如案23，它的案腿很靠内，使得左右牙条就特别长；虽然有点突兀，但视觉上很有冲击力。因为它颠覆了人们通常印象中的案腿比例，观者必须调整观赏习惯方能适应，而这种情况在观看南方家具时很少出现，南方家具适合慢慢品味。一些家具第一眼看去平淡无奇（见案10），但越看越有味，越入迷。

再如扬州、南通等地，地处南北两点之间，自然受到了来自南、北两方面的影响，从而渐渐发展出自己的风格，以淮扬家具著称。从时间上看，早期淮扬家具风格似乎受北方影响更大，后期则多受南方影响（见案

图40　如意云纹牙头夹头榫翘头案的侧面（透光）。可与图41案透光的灵芝纹的两脚做比较（马可乐藏，崔鹏摄）

20、21，椅5），在结构部分还是保存了一些北方的审美基因（见桌4，脚踏5）。从整体来看，淮扬地区家具风格比南方风格浑厚，比北方风格细腻，从而有自己独特的一面，是南北交融结合的典范。

除了淮扬家具风格较为典型以外，其他受到类似的交叉影响的地区，还有山东、安徽、河南、湖南、江西，以及东南的福建（可能多受广东家具风格的影响）等。在北方，除山西以外的西北地区也应有风格的相互渗透和影响，从而形成各地区独具特色的家具。我们在风格研究方面的工作做得很不够，所以具体差别在哪里，我们还不是很清楚。如果把中国家具作为一个整体来看，南北之间虽然路途遥远，但绝非隔绝，历史又是如此悠久，自然会有相互影响和融合。这些都是值得我们深入研究的课题。

近几十年中国经济和城市化的发展，造成很多乡村城镇的原始状态被彻底改变，也使原产地的家具流失殆尽。改革开放初期，人们普遍贫穷，加上对古家具历史价值认识不足，大量的古家具被变卖到港台地区及西方市场。古董商贩们挨村挨户“铲地皮”式收集古家具，然后将其转卖给不同的古董商，最后到藏家手里，这就使得家具原产地的信息荡然无存。所以要弄清家具的原产地成为一件非常困难的工作。评判家具的原产地只能凭经验，由风格类型、制作方式以及木材等几方面的一些共性来确定。

图41　如意云纹翘头案的侧面（透光），详见204-205页。与图40案的透光相似，但又有很大的不同，可将两案进行对比（马可乐藏，崔鹏摄）

本书所选的每一件家具都极具特色和个性，好像都在述说自己的故事。家具的命运随着主人命运的改变而变化，而最大的变化莫过于社会的变化。可以拿某件书桌在历史中可能的境遇来作为例子：假定这件书桌制作于明代，它应该会落户于一个读书人家，这是由书桌的功能决定的。然后历经明、清朝代更迭的战争及清代后期如鸦片战争、太平天国等战乱，如果幸存下来的话，便进入民国。它继续历经诸多动荡和战乱，直至新中国成立。它也许被战火烧毁，也许幸存下来。1949年后它可能被拆成木料论斤卖，也可能进入一个贫农或工人家庭。它可能还是书桌，也可能被放进厨房做饭用；主人可能直接在它上面切菜，很烫的砂锅可能直接放到它的身上。诸如此类偶发事件，会在书桌上留下如刀痕和锅圈烫痕等印迹。它也可能在“文化大革命”的“破四旧”等运动中与很多古老家具一起被烧掉，或堆放在露天的院子里，日晒雨淋。接着迎来改革开放。因为有了市场价值，它被搜寻买卖，还可能去了海外。西方现代居室设计色调偏淡，潮流偏好自然原木，因此古董商们将它进行深度清洗，清除掉原色髹漆，简率修复，然后用砂皮打磨，上清漆，在很大程度上改变了它原来的外貌。

也许这张书桌的经历没有如此具有戏剧性，而是相对平静，但漫长的岁月还是会改变它的容貌。在同一栋房子里，被放在不同的房间，或即便同一间屋子的不同位置，对它的影响也将不同：如果靠着窗户，阳光长期直射会造成漆的褪色和脱落，这是因为阳光照射部分氧化加快。如放在阴影里结果会不一样。还有，放在楼上还是楼下的结局也会不同。同样在楼下，也还有泥地、砖地之分：因为泥地和砖地的湿度不同，硬度也不同，日久天长会给家具尤其腿脚带来不同的磨损及碱化的痕迹。虫蛀也与湿度有关。更重要的是，一件古家具的健康状况与使用的强度直接有关。拿一把椅子来说，如主人身胖体重，又特别喜欢坐时前后摆动，就会影响它的寿命。甚至，清洁频率、搬动次数及修缮等都会在家具外表上留下痕迹。这些因素同时也造成白木家具多姿多彩的外貌个性。

对比之下，中国和世界各地的一些博物馆里所藏的明清家具，以及印刷精美的家具书籍和拍卖图录里的用黄花梨、紫檀等制作的明清古家具，件件光鲜锃亮，像新的还没被用过的一样。从标出的文字上看它们的年纪都很大，如制于明代、清代，但这些家具往往都经过整容手术（修缮），而看不出岁月的痕迹。它们被放在玻璃橱窗里供人观看，或在库房里保存起来。这些家具可能是千百件古家具中幸存下来的一小部分，可一旦进入博物馆，它们作为家具的使命就彻底结束。我认为每件家具应该都是活的，有生命的；从酝酿、诞生（设计和制作）那天开始，它们就与人和人的生活联系在一起，是人的生命中一个不可缺少的部分。

毫无疑问，修缮是古今中外所有古家具的一个不可回避的问题。明清木质家具在几百年使用过程中受到不同程度的磨损和损坏实属正常，磨损和损坏后进行修缮再回到生活中继续发挥家具的作用也再自然不过了。一件家具的损坏程度与它的木质，使用的频繁度、强度，居室环境和放置的位置，修缮保养等诸多因素有关。与瓷器的修缮一样，家具修缮在中国历来是生活中的一个重要部分，是传统实践。与当下消费社会不同，就在不远的过去，当家里有损坏的家具或敲破的瓷碗，人们就会招呼走街串巷的手艺匠人进门修理。而现在家具坏了往往一丢了事。社会的发展引起消费观念和方式的变化，家具修缮的传统在当下中国社会生活中已经基本消失。

西方学者率先意识到家具修缮是收藏和研究的一个重要部分。安思远在书中专门辟出一章论述家具的保存和修缮，[1] 他谈到修缮过程中要注意的各种榫卯拆卸等，细节详尽。不过，当他谈到修缮的另一个重要部分——表面处理时，却认为要清洗掉家具上的老漆层，而且建议每年至少清洗一次。[2]这是一个典型的西方观念，即应尽可能恢复和保持艺术品的原态，这也是他们古家具修缮的终极目标。例如，意大利历时15年花巨资和九牛二虎之力将米开朗基罗的西斯廷教堂天顶画修缮一新，现在这些画看上去五颜六色，400多年的历史积淀下来的痕迹荡然无存。但这却最接近米开朗基罗刚画完时的原态。

如果在古家具上做如此的表层处理，就等于把我们称之为包浆的岁月痕迹彻底清除掉。现在人们越来越认识到，应该尽可能保存家具上的历史痕迹，而非追求光亮完美。这样做是尊重历史。更有人认为，应该保留一

1. 安思远《中国家具——明和清早期硬木家具范例》专门有一章谈家具的保存和修理（284页）。马可斯（Marcus Flacks）的《中国古典家具》（*Classical Chinese Furniture*）一书也谈到家具修缮，并附有家具修复前后的图片。

2. Robert H. Ellsworth，*Chinese Furniture—Hardwood Examples of the Ming and Early Qing Dynasties*，p. 286.

件古家具被发现时的原始状态，哪怕是残件也不做任何修缮。我们对修缮要有一个全方位的思考：作为文物，残件有其历史研究价值；但作为一件家具，它的功能已经丧失。博物馆里所藏的家具大都经过残缺部分的修补、表面清洗、上光，使这些家具看上去像今天西斯廷教堂天顶画那样崭新如初制。这些家具虽然理论上还可以使用，但它们永远失去了原有的历史痕迹。对此，我更宁愿看一件活生生的饱经沧桑的古家具，欣赏它上面珍贵的岁月痕迹，而不仅仅看它的造型、材料和做工。我觉得最理想的情况应该是这样：一件古家具虽然年代悠久，但还可以用，它的生命在延续。而且在使用过程中，它的功能和美同时体现和被欣赏，这也许是一件古家具存在的最终意义。

图42　刘松年《唐五学士图》(局部)。我们可以在图中看到南宋的书(画)桌已经出现高束腰(抱肩榫)及桌腿的踮足，单、双牵脚档等“明式家具”的做法。再进一步看，此桌还是石材桌面，并在桌腿上有图案，是嵌螺钿髹黑大漆精制而成(台北故宫博物院藏)

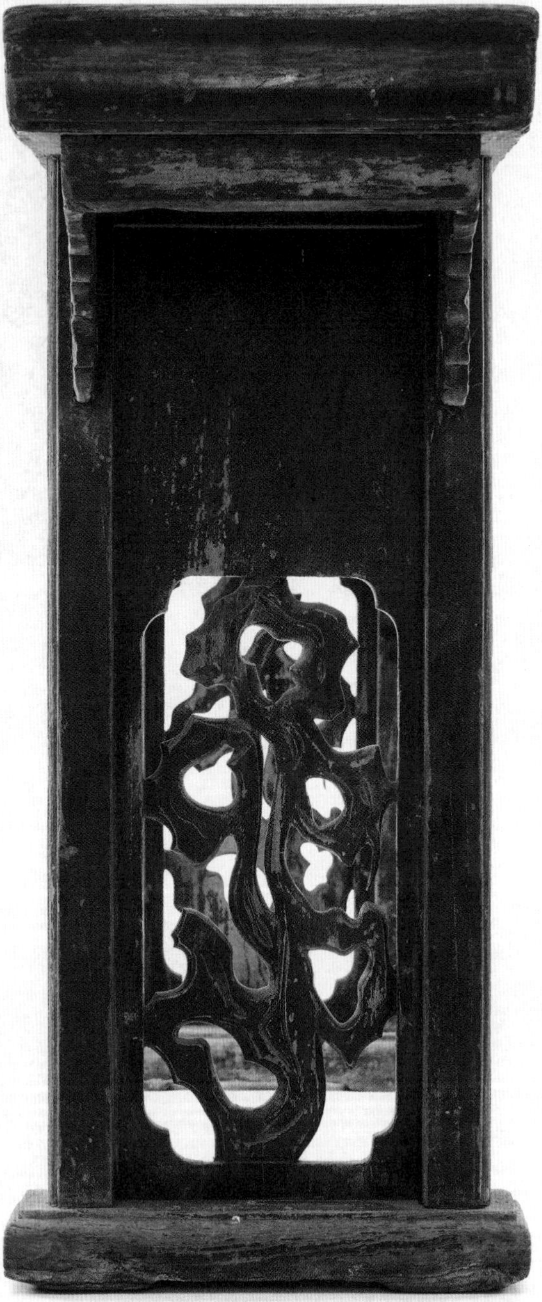

桌·案·几

1. 壶门直枨踮足琴桌

此桌的做法是束腰。束腰是桌腿近桌面时往里缩进，然后接桌的牙条，牙条高出的一段即“腰”，上面再安桌面。但此桌桌腿和牙条缩进后直接连桌面，因而无腰，式样非常特别。从宋代绘画《唐五学士图》（图42）和《梧阴清暇图》（参见图25）里可以看到，当时桌、案束腰及踮足腿的做法已经很普遍、成熟。但此桌欲束而没束的做法却不见于绘画。它可能是束腰之前的一种做法，或是束腰的一种简法？桌案的束腰是什么时候兴起的？是否经历过无腰可束的阶段？这些我们都不得而知。另外还有一张与此桌同款式没腰，但时间晚很多的琴桌，说明这种做法延续了很长时间。因此，为束腰一种变化做法的可能性比较大。此桌的风格清新秀气，四条腿及冰盘沿均为窝角形式，此种装饰风格类似宋元时期的一些瓷器及玉器。此桌桌腿细长，腿尖像芭蕾舞演员的踮足，使整个桌子轻盈欲飘，似乎可与琴声融为一体。另外，此桌表明北方家具早期较清秀，入明后才转变为粗犷、凝重。总之，这是一张耐人寻味的桌子。

槐木、桐木
97厘米长，41厘米宽，83.5厘米高
14/15世纪，山西
马可乐藏，崔鹏摄

2. 抱肩式带托泥画桌

为什么说此桌是抱肩式而不是抱肩榫？此桌腿和牙条板实际是四平面做法（桌面不是），然后在牙条板上雕削出包肩榫的形状，并在桌腿两面贴木条而使桌腿增加了厚度，桌腿内弧线的曲度也得以加大，美感剧增。腿部贴木条可以视为壸门牙条的退化，贴木两头同时也雕削成抱肩榫状，然后与牙条板和托泥上榫形部分连接（请注意不是常见的桌腿尖放在托泥上的做法），造成一种似乎是抱肩榫的感觉。这种做法看似简单，却费工费料，且很少见，绝非普遍的做法。从式样上看，应该不是为了模拟抱肩榫，而是为追求古老的家具式样，一种艾克称之为“箱型”（box construction）的唐式风格家具的造型。

柞木
186.5厘米长，63厘米宽，87.5厘米高
15/16世纪，山西
马可乐藏，崔鹏摄

3. 大漆葵花式赏桌（一对）

这张桌子的造型简括，不拘细节，显示了北方粗犷大气的风格。但也有精致之处：俯视可见葵花花瓣口始于桌腿，由桌腿直角中央往两边左右分开，使得坦荡起伏的桌外形曲线在桌的四角收住，然后直下桌腿作内翻马蹄状。再仔细看，不是那种到处可见的简式内翻马蹄，而是两个半圆弧，因此从桌内往外看呈宝葫芦状，可谓匠心独具。此桌桌腿是整料，所以别看腿的小小一内翻，却大大费料，这反映了桌子主人的财力及追求完美的执着和气派。此桌可能重复髹漆，显得特别厚重，但多有剥落，使漆下布底清晰可见，具有一种强烈的历史久远的沧桑感。此桌较宽，面积大而可放很多东西，加之它的葵花造型，应该是陈列器物的赏桌，而不是书桌或画桌。还有一张桌子与此桌相同，可谓一对，但其髹漆保存不佳。两桌应在同一时期制造，只是使用环境各异，现存的状态自然也就不一样了。

槐木、榆木
97厘米长，68厘米宽，85厘米高
15世纪，山西大同
马可乐藏，崔鹏摄

4. 霸王枨束腰方桌

此方桌的束腰不是真正的束腰，而是在四平面做法上雕出束腰的造型。它实际上与琴桌1在结构上是一样的，但与其不同的是增加了过渡（束腰），说明古老木作匠意在历史长河中的不断演进。此桌整体圆润浑厚，而表达方式是委婉而微妙的。除了雕束腰还有几处特别值得注意：一、桌腿不是一般笔直接内翻马蹄足，而是近马蹄足之前开始往内微弯，马蹄的头部也有一点往上翘，使整个桌子方圆交融而更加浑厚。二、桌心面的四角是费工费料的圆角而非一般的直角。三、霸王枨与桌的比例比一般桌子的大，这从结构上说是撑的部分接近桌的中心而使之更牢固，从外观上说使造型轮廓更为显著。其中一面霸王枨曲线与牙条板榉木木纹的流线一致，有旋律感，乃维扬家具木作之妙处也。

榉木
89厘米长，89厘米宽，81厘米高
17/18世纪，扬州
刘山藏，张召摄

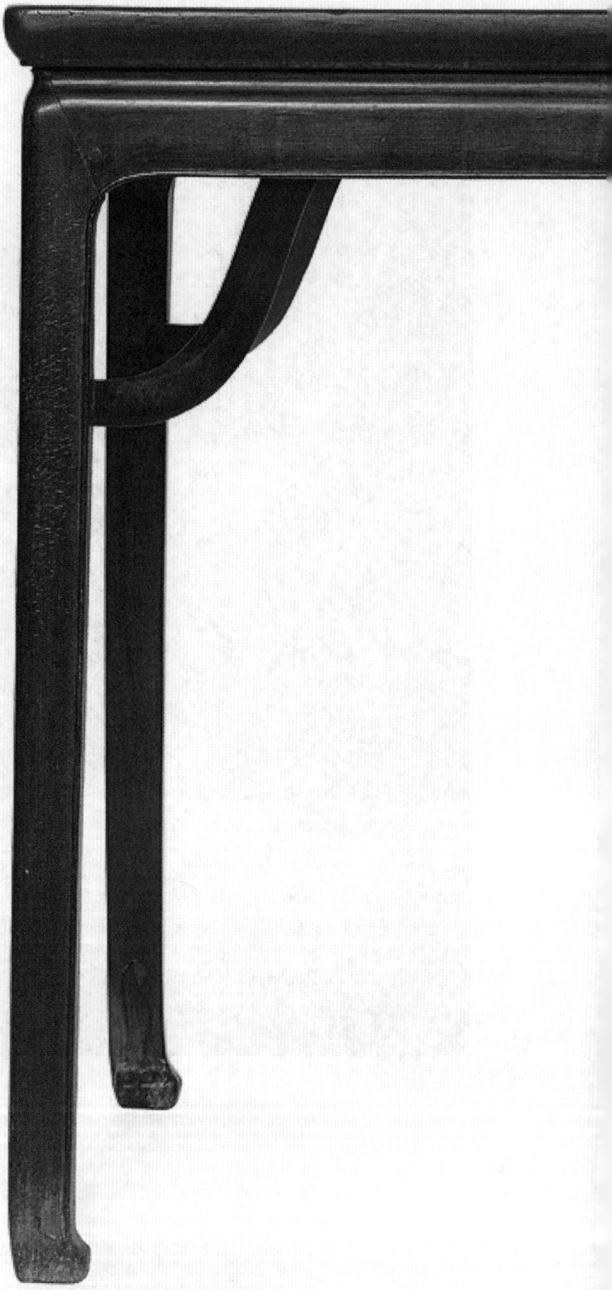

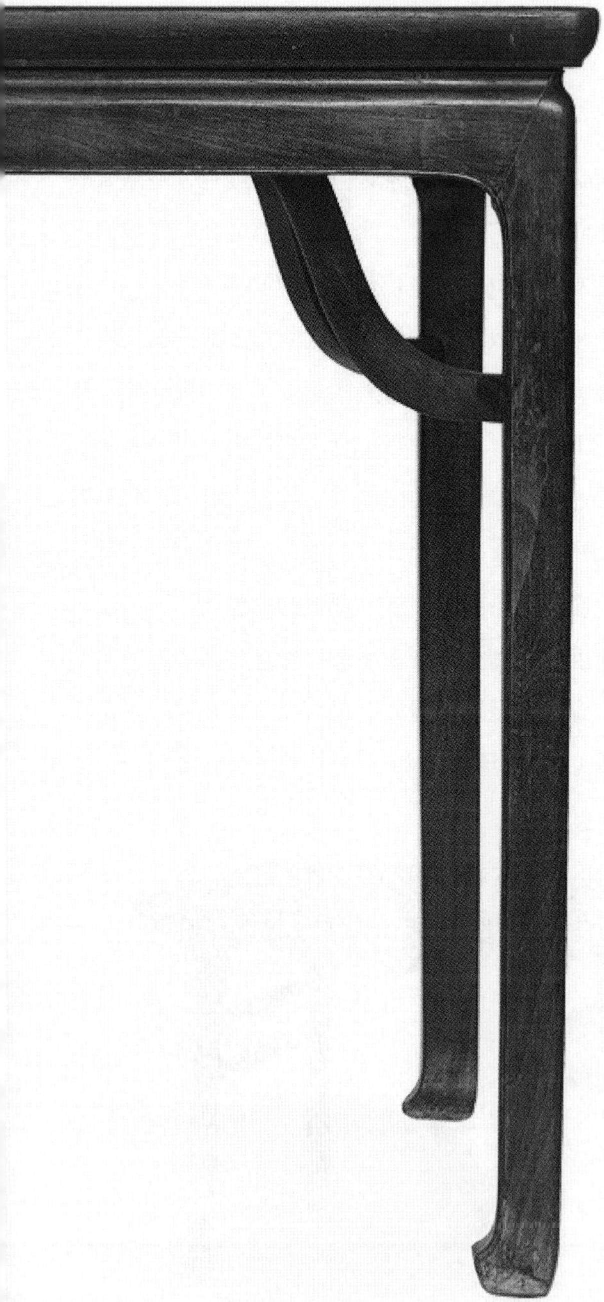

5. 插肩榫壶门牙子宝剑腿书案

桌3、4的漆色看上去是黑的，但仔细看却都是接近黑偏紫的暗深红色。新髹漆时应该是深红色，是随着时间的推移而变得越来越深。此案的漆色为红色，漆的类型也与桌3、4不同，不是厚漆而是薄的半透明漆，而且没有腻子灰底或织布底。值得一提的是，此书案的左右两侧牙板为满板做法，即与案的长度一样，因而正、侧两面看很不一样。宝剑腿正中有一炷阳香线，到案腿底尖时连接莲花苞蕾。这类图案似乎与佛教有关。作为案腿原应该到此结束，但此案将案腿往下延伸，加了倒挂莲花，从而增加了案的高度和案腿的耐磨性。一炷阳香线由于长期使用和柏木硬度不够，接近中间的部分已经磨损，有意思的是每条腿的磨损状况不尽相同。这是白木家具常见的一个特点。

柏木
101.5厘米长，69.5厘米宽，81厘米高
16世纪，山西
马可乐藏，崔鹏摄

6. 插肩榫宝剑腿石面书案

槐木、五花石（案面）
103厘米长，36.5厘米宽，
79厘米高
15/16世纪，山西
马可乐藏，崔鹏摄

同为插肩榫宝剑腿式，但此案与案5有很大差异。此案髹漆是大漆（有腻子漆底），所以很厚，而案5是半透明漆。此案的漆保存得不如桌3、4好，因此可以看到更多原木部分，形成它鲜明的个性。从结构上看，此案的案腿往外趴的角度比案5小，所以案5显得稳健，而此案显得挺拔，颇具宋式遗韵。

7. 大漆弓字枨石面书案

此案弓字枨的向上弯口有吐穗草纹，是明代早期常见的弓字枨装饰纹样。在比例上刀子牙头相对短小，显得稳重坚固，避免了头重脚轻之感。刀子牙头亦有微妙的变化：中间部分与牙条过渡处增加了一个台阶，在空间上让于弓字枨，视觉上就减少了牙条和弓字枨加在一起的厚度；案两端的牙条板也加上了一个小台阶，但牙板厚度不变，从而达到各部位整体的平衡。八个刀子牙头上都加一小缺口，这样一增一减，使牙子板有了节奏感。此案髹漆与桌3、案6一样，为织布漆底，因年代久远而浮露出布底的断面，清晰可见，颇具意趣。

楠木、五花石（案面）
105.5厘米长，70.5厘米宽，87.5厘米高
15世纪，山西
马可乐藏，崔鹏摄

8. 草龙蝙蝠纹书卷几

柏木
180厘米长，41.5厘米宽，
85.5厘米高
19世纪，山西
蒋奇谷藏，戴维·泰珀摄

几、案、桌各自有别，两腿直接从面板两头而下，乃谓几。桌的腿也是直接连面板，但桌有四腿，且桌一般要比几、案宽。案面板两头突出，四腿缩进，然而也有板腿式。板腿上通常镂空雕刻图案，称透光。此几为书卷式，即左右两腿足底形状像卷起的书，几腿与几面连成一体，像打开的但两面往下挂的长卷。此几雕左右草龙一对，中间一蝙蝠，是兴隆来福的意思，因而非文人审美取向。本书选此几是想在雕刻艺术的风格上做南北比较。单就雕刻艺术来说，此几的双龙与常见的清代家具上精雕细琢的龙纹很不一样；木作艺人用概括的、生动流畅的线条来表现，龙身不是兽脚蛇身而是折枝藤蔓，赋予此几一种气韵涌动、飘凌腾化之感。对比柔润含蓄、艺精工整而到位的南方雕刻风格（案 20、21、24），此几具有北方粗犷大气、气势夺人但不失流畅优美的特点。南方似乎更遵循传统，如王士性说的“即物有雕镂，亦皆商、周、秦、汉之式”，而此几（北方风格）更求创意。此几髹漆保存完好，红色深稳饱满；左面龙身的红色热烈奔放而右面龙身的红色暗沉肃穆，疑是长年清洁不均之故。几面由于陈年累积的包浆而似一幅色彩深沉的抽象油画。

9. 四平面壶门踮足画桌

此桌的四平面做法是将桌腿作为一面，与牙条板和大边（桌面）相接，原因是桌面的做法是大边嵌面心：大边为槐木，面心为桐木。如果桌面是独板，桌腿便可直接接牙条板，然后置独板桌面。此桌简练至极，外轮廓方直，牵脚档也与桌腿外面做平。内轮廓的壶门曲线圆润流动，且有阴阳圆弧的变化，旋律感强。它们从壶门中央往两边飘然而去，直下桌腿，在踮足尖处收住。此桌踮足与桌腿的比例比琴桌1要大得多，更像芭蕾舞者的踮足。文徵明在他的《丛桂斋图》里画了一张高踮足画桌（参见图18），那时芭蕾刚在欧洲兴起，中国没人知道芭蕾，但此桌与芭蕾在审美上异曲同工。踮足给予此桌一种轻盈上升之感。与芭蕾不同，桌子是静止的，但可以运动的眼光去观赏：先从一只踮足开始，随着桌腿往上，越过大内圆弧（阴）经小外圆弧（阳）到达壶门中央，停顿一下，接着先顺小外圆弧然后往桌另一面的大内圆弧行进，到达另一只踮足，再做一个停顿，由此就像完成了一个乐章里的两段旋律。四个面便形成八段旋律。古人这样设计是想让桌子起舞，活力无限。

槐木、桐木
109厘米长，48.5厘米宽，86厘米高
15/16世纪，山西
马可乐藏，崔鹏摄

10. 夹头榫方腿翘头案

此翘头长案全身素工，面板与案身平放，未用榫头连接，看不到任何装饰，也看不到髹漆的痕迹，当为天然文（纹）木之佳作。此案的气质可用“平淡”两字概括：夹头榫刀子牙头板比例合适，圆弧小而低调；案腿、牵脚档、案面板都方正得体；两端翘头与案面平缓过渡，然后翘起，略微外突，紧接着缩进，再次与案面的厚度竖面平缓过渡。值得注意的是，此案翘头小小的外突部分与案面（厚度竖面）垂直做齐，与案22的完全平做法不同；也与案29外圆翘头不一样，此案翘头外突部分不是半圆而是平面。进一步细看，可以发现案板正面有一条细细的线脚，绕案面和翘头一圈。虽然由于年月久远中间部分被磨去不少，但还是隐约可见。更让人震惊的是，此案的牙条和牙头板竟是由一块独板镂成！通常夹头榫牙条和牙头是由两块板组成，平接或45度角接，独板非常少，有的话也往往是小尺寸案桌，而此案两米多长，需要多大的一块木料啊。可以看出，像桌3的主人一样，此案的主人为追求完美而不惜代价。此案文雅内敛，达到一种潇洒超脱的文人境界，是苏作家具的一件杰作。

榉木
221.5厘米长，55.5厘米宽，84厘米高（含翘头）
16世纪，苏州
马可乐藏，崔鹏摄

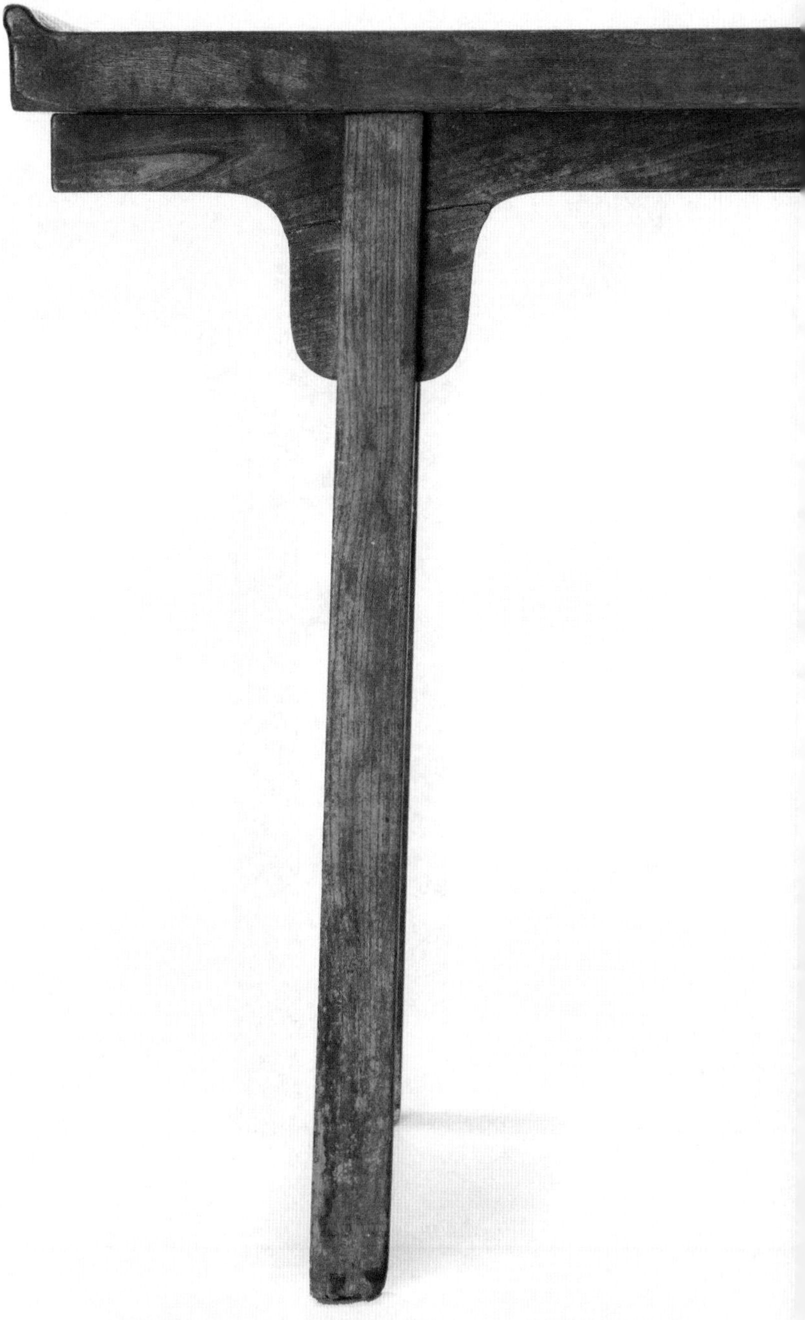

11. 如意云纹牙头夹头榫圆腿翘头案

云纹牙头和刀子牙头一样，都是桌案夹头榫牙头的常见做法，也是变化丰富的牙头类型。在具体的家具制作中，历代工匠们会参照不同的版本做随机应变的发挥，从而形成千变万化的面貌，如案14、22，都是属于云纹牙头做法的不同变形。此案云纹牙头的左右两半看上去像对称的云朵，左右连着一起看像一个倒挂灵芝，所以又称如意云纹。此案做法凝练，纹深云阔，曲弧线宽大却没有加珠。加珠有增加牢度的功能，如案22。此案两端翘头与案面做平而没有往外翘，但加了内指甲圆大弧线脚，而给人往外翘的感觉，可见苏作家具之精致入微。

榉木
196.5厘米长，56厘米宽，86厘米高（含翘头）
16世纪，苏州
马可乐藏，崔鹏摄

楠木

256厘米长，53厘米宽，91厘米高（含翘头）

16世纪，山西

马可乐藏，崔鹏摄

12. 仿竹架几式长翘头案

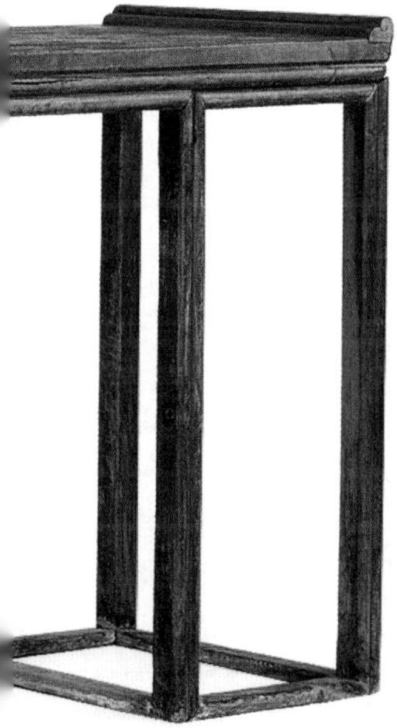

此案式样从不同角度看都呈几何形，秀挺至简，现代极简主义艺术审美与之不谋而合，可见中国古代匠人超前（超时代）的审美意识。此处所谓“超前”不仅是一个时间上的概念；中西审美语境大相径庭，明代之所以出现风格如此简约的家具，源于文人对生活和器物的俭朴诉求，而西方极简主义风格的家具则是工业发展导致家具材料变化的结果。现在人们以西方现代极简主义来理解和诠释中国古家具，可谓张冠李戴。这里再引用屈大均的那句话：“犹香榔之呼鸂鶒木，以文似也。”（参见第三章）此案的案面犹如一幅泼墨山水长卷，而案面整体结构，是仿竹设计。两架子八个腿十二面均为双杆，案面为一厚独板。架子顶端的一杆雕在案面上作为牙条，使案面厚度看上去略薄于两杆，视觉上减轻了厚案面的重感，使比例协调，赏心适意。案面两架中间的部位再加一杆，使全案双杆贯通，两架四角顺45度角衔接之势略微出头而托住案面，真可谓巧夺天工。

13. 束腰霸王枨画桌

此桌的一些做法与桌4相似，但也有微妙的不同：两桌均为霸王枨，面心四角都是圆角；但此桌抱肩榫和束腰比桌4来得货真价实，束腰高，而桌4束腰是雕刻而成。此桌抱肩角为小圆弧，霸王枨位置高，所以造型显得紧凑方正。此桌腿马蹄足落地前比桌4直。如将此桌侧面与桌4侧面放在一起对比，便可以看出两桌不同的气质。为了避免呆板，此桌束腰上开有细长透光，每面两个共八个。透光的绲边脚线与桌腿牙板上的脚线做法又不同，是凸线。这样的做法意味着要把整个束腰板削薄做平。这些细节凝聚和体现了古代维扬木作匠人精益求精的工匠精神和智慧。

榉木
110厘米长，66.8厘米宽，
81.3厘米高
18世纪，扬州
刘山藏，张召摄

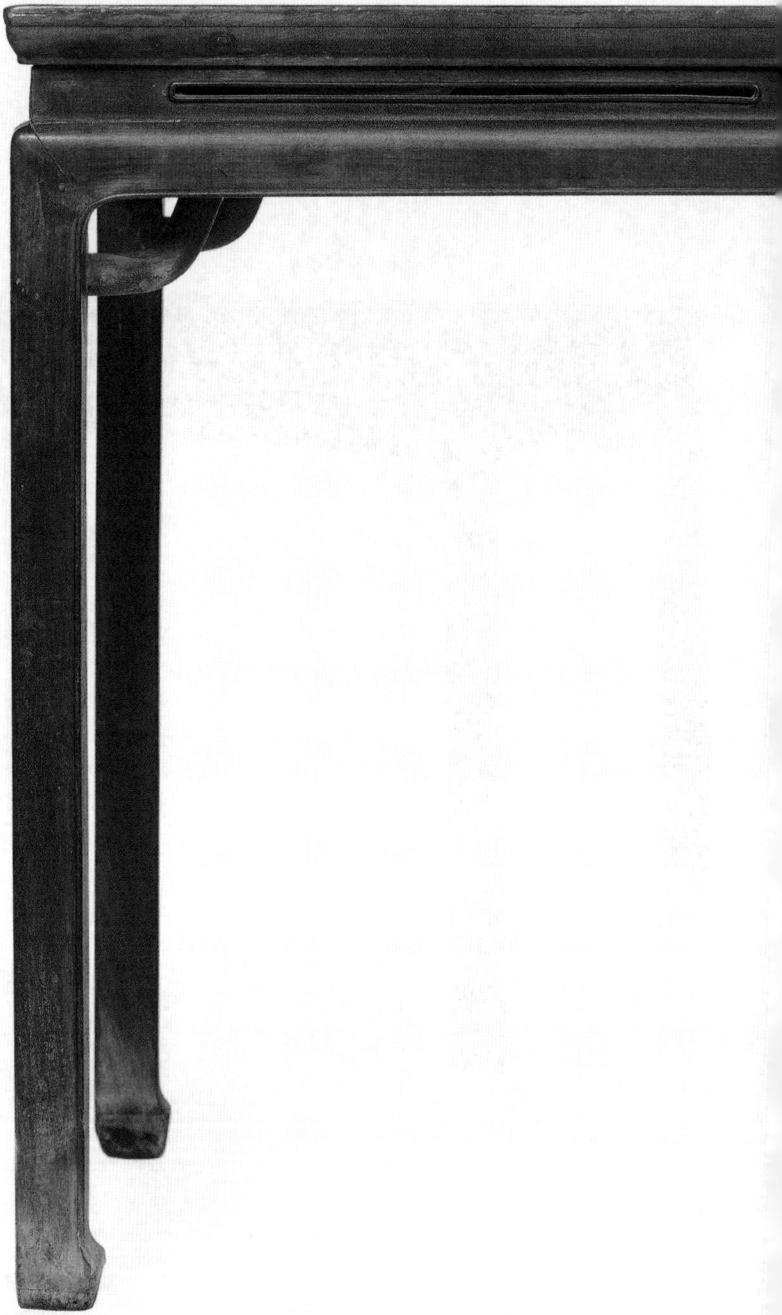

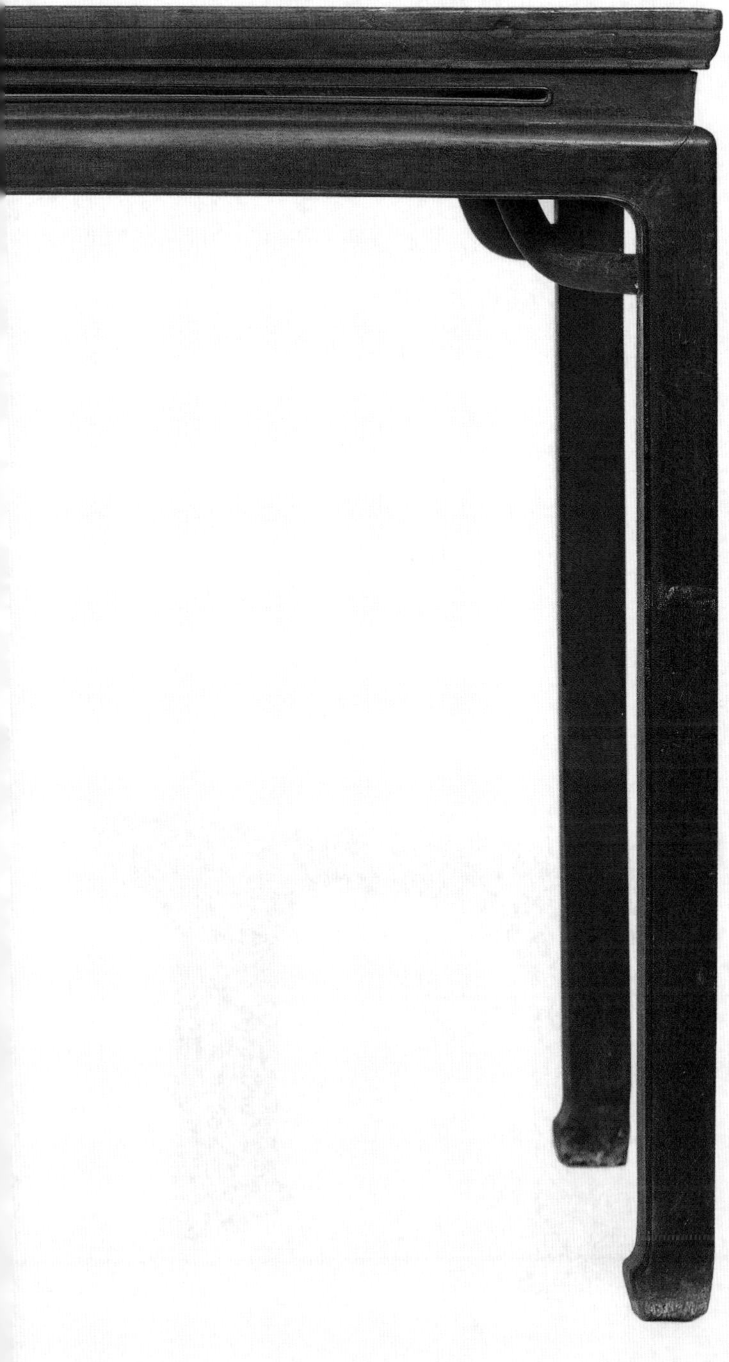

14. 夹头榫灵芝供石纹翘头案

此案牙头双云纹对称，云纹形状像灵芝，故谓灵芝云纹。由于如意的一头常为灵芝，因此亦可称如意纹。它们用线脚勾勒，轮廓鲜明。值得注意的是，案两面的板足透光上的图案为供石，即奇石，亦称文人石。案的板足透光图案有多种样式，常见的有草龙纹、灵芝纹（即如意纹）等，太湖石图案却不多见。太湖石为历代文人所欣赏喜爱，白居易曾说：“游息之时，与石为伍。”[1] 因此，此案板足透光以太湖石为图案，实则反映了此案主人的文人审美取向。

1.（唐）白居易：《太湖石记》。

槐木、榆木
130厘米长，35厘米宽，86厘米高
17世纪，山西
马可乐藏，崔鹏摄

15. 刀子牙头圆腿夹头榫画桌

此桌式样是明代桌案中最典型的款式之一。此类牙头牙条的全称为“一字档牙条连刀子牙头”，俗称“刀子牙头一字档”。刀子牙头是指牙头单面的形状看似一把刀。作为款式，刀子牙头本身的形状是千变万化的，如翘头案21像一把宰肉的方头大刀，如翘头案10像一把水果刀，再如画案23，两端的牙头连牙条一起看上去像一戈。此桌的牙头非常微妙，它连接牙条前的线条不是直的，而是微微往里弯进的弧线，所以看上去像一把用了很久、刀刃有点磨损的菜刀。这是一张极其典雅的画桌：四圆腿笔直，四根牵脚档都是圆档，桌面底略小，由上下两根线脚勾出，是名副其实的冰盘沿。全桌比例匀称，文气十足，无懈可击。

柏木
106厘米长，71厘米宽，
85厘米高
16世纪，山西
马可乐藏，崔鹏摄

16. 折叠式壶门牙条宝剑腿书桌

槐木
95.5厘米长，57厘米宽，83厘米高，
21.5厘米（折叠）
15/16世纪，山西
马可乐藏，崔鹏摄

此桌源自炕桌，反映了人们对炕桌的喜爱。此桌是折叠式，既可以作为炕桌，也可以作为书桌使用；由于桌腿可以折叠而省了存放的空间，使用也更为方便。折叠式桌有很多种样式，此桌外形是插肩榫壶门牙条宝剑腿书桌（参见案5、6）的样式，但实际上不是插肩榫，做法古老。此桌有可能是作为备用书桌长期折叠存放，所以桌的宝剑腿腿尖部分少有磨损，保存完好。

17. 云纹牙头霸王枨画桌

从尺寸上说此桌适中，很实用：可以画大到四尺整宣的画，如画大小斗方或三开就更游刃有余。可能因为主人拮据，此桌用料节省，两长牙条板均为拼接，桌面较薄，做工也很俭朴。但此桌不失灵妙：冰盘沿开上下对称线脚，小如意云纹牙头与霸王枨相映生辉。这种小云纹牙头亦称“猫耳朵”，普遍认为是维扬家具的典型特征之一，且都与霸王枨同做。[1]此画桌的实例说明这种款式南北都有，孰先孰后从地域看应该是先发源于北方，再渐渐南移，但淮扬以南如苏州地区少见此类做法。此桌面心板可能已换过，中间部分又略有凹陷，说明此桌曾经使用频繁。

1. 谭向东：《在维扬明式家具研讨会上所做的研究报告：一款维扬明式桌形的分析推断》，http://blog.sina.com.cn/s/blog_7b39e0ce0102yiw7.html，2017-04-28。

槐木、榆木
184厘米长，82.5厘米宽，87厘米高
18世纪，山西
蒋奇谷藏，戴维·泰珀摄

18. 四平面条几

关于南北家具的风格，人们有一种约定俗成的看法，即南方家具秀气，北方家具粗犷，但在实际中往往并非如此。此几虽然漆色斑驳沧桑，然而几身细瘦高挑，有一股清秀之气，与人们心目中粗犷的北方风格相去甚远。此几证明，北方家具粗细风格并存，秀气的家具还不在少数，如本书的桌1、2、15，案23。南方家具不尽然全是秀气，也有雄壮风格。

槐木
156.5厘米长，43厘米宽，
86.5厘米高
16世纪，山西
马可乐藏，崔鹏摄

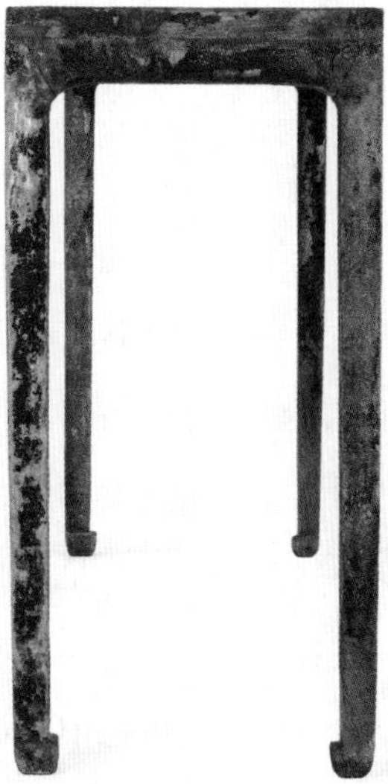

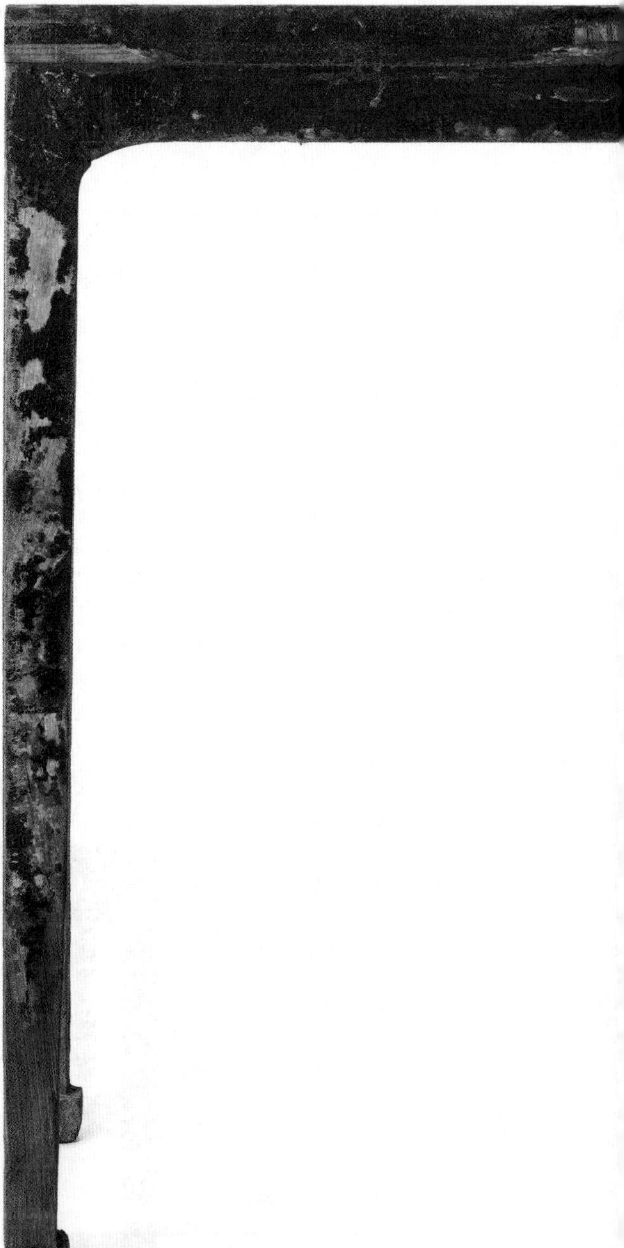

19. 高束腰马蹄足画案

此案宽而且很长，从比例上看称画案较画桌更为合适。此案有几处值得关注：一、束腰的做法不是抱肩榫，而肩膀和束腰就是案腿，与牙条直接相接，因此没有“抱肩”。此案从正、侧面看，案腿与牙条都泾渭分明，这可能是一种比较古老的做法。二、此案的内翻马蹄足也有特别之处：近看其实不像马蹄，因为足尖是由两节组成。上面一节很薄，尖头往案内方向翘；下面一节也很薄，像一层鞋底：整个案腿尖看上去像旧时妇女穿着趿履的小足。三、案身髹黑漆，案底则为红漆。明代家具常有这类身黑底红的双漆色髹法，桌2也是此类髹漆。

槐木
205厘米长，64.5厘米宽，
82厘米高
15/16世纪，山西
马可乐藏，崔鹏摄

20. 草龙纹长翘头案

此案牙头板和透光上雕有草龙纹。龙身在图案化过程中逐渐演变成花草，故称“草龙纹”。此案上的龙身还非常清晰，但龙尾已是萱草叶纹，并且龙身还接了灵芝纹。根据文震亨的审美标准，雕龙凤花草均已落俗，无奈百姓喜爱，尊其为佳品。平心而论，以今天的眼光看，此案的龙纹造型生动简洁，线条也自然流畅，透着一股雅气，而非奢侈炫富。本书选此案以及几 8 和案21、24的目的就是展现、比较扬州（案20、21、24）和山西（几8）木作雕刻的不同手法、品位，及其体现的地域审美差异。此案雕刻工艺和风格与苏作接近，与京作雕琢繁复的龙凤纹还是有很大差别的。此案颇长，面板由两块核桃木并合而成，以达到结构上牢固和视觉上舒适的厚度。

核桃木、榉木
315厘米长，46厘米宽，
104.5厘米高（含翘头）
18世纪，扬州
刘山藏，张召摄

21. 草龙纹翘头案

与案20一样，此案在图案上也为龙，但风格却迥然不同：案20的龙除龙尾之外，龙头、龙身以及前后腿的描绘具有相当的写实成分；而此案的龙仅头部造型写实，身体则完全图案化了。这一纹饰最早可以追溯到战国铜镜上的图案。且此头部造型应该是凤，而不是龙，因为凤头顶的羽冠及倒钩的喙清晰可见（除透光上面那只凤头漏雕了凤冠外）。战国铜镜上的凤纹是凤首（鸟头）蛇身，同时期的龙纹也已经出现折枝连续图案，即有植物藤蔓的因素。雕工有点像汉代玉刻，龙身全部由草叶纹组成，图案雕刻的手法与案20不同，但具有同样的柔润特色。图案结构则是根据牙子板左右空间而经营位置。透光也是根据空间设计成双龙对舞。此案的雕刻雅润含蓄，为维扬家具图案雕刻工艺的典范。此案与几8，案20、24一样，虽然在雕工方面近乎完美，然而在精神境界上与本书众多简约型家具相比还是有距离啊！

榉木
249厘米长，50厘米宽，91厘米高（含翘头）
18世纪，扬州
刘山藏，张召摄

22. 如意云纹翘头案

此案有一种深沉厚重之感。在结构上还有一个特点，即没有牙条而只有牙头。这应该是明以前桌案的古老做法。我们可以在《五代定州王处直墓壁画》(图3)、《高僧观棋图》(图7)、《清明上河图》(图5、图6)及《张胜温画梵像》(图8)等古代绘画(壁画)里看见只有牙头而没有牙条的桌案。此案显得简洁大气。云纹牙头上有对称小珠两颗，粗中有细。小珠的作用在于加强牙条的牢度(经常可以看到没有小珠的云纹牙头卷云部分断落)。除此之外，在尺寸比例上，小珠的反衬使牙头更显得强壮有力。

此案案面木材为槐木斜切，由于年代久远，槐木称之为肉的部分磨损凹陷，而筋(树轮部分)的部分由于硬度高、磨损少而凸显，从而使木纹更加清晰。它似水波涟漪，由左向右一层层往外流动。木纹之美，尽在其中。

槐木
232厘米长，44.5厘米宽，83.7厘米高
16/17世纪，山西
马可乐藏，崔鹏摄

23. 夹头榫大画案

此案属于大尺寸画案，它特别长，所以在结构设计上做了相应的调整。最为醒目的是此案两案腿的距离；相对于案10，此案的案腿往中间靠了很多，所以案两头的牙条很长，使此案结构显得很夸张。此案牙条与牙头为两块板平接，由此用料节省了不少。此案两端的牙条板从牙头开始往左右两面向上斜而变细，使得此案好像被一种无形的力量往上托，有一种欲离地而去之感。比较案21、22的沉重之感，此案显得轻盈欲飘。两案腿的距离近也在物理结构上减轻了案面承受的压力，如此比例科学，同时也产生了美感。

槐木
214厘米长，65.5厘米宽，
85.5厘米高
17世纪，山西
马可乐藏，崔鹏摄

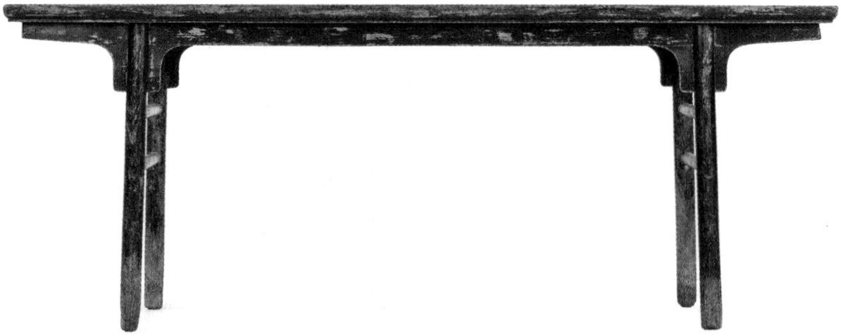

24. 草龙纹画案

榉木
181厘米长，59厘米宽，81厘米高
18世纪，扬州
刘山藏，张召摄

此画案草龙造型细节全无，单纯简练。在龙身伸展去牙条板之前呈圆圈形，像新石器时期玉龙的造型，颇为古朴。雕刻手法乃维扬风格之典型，即过渡简洁圆润的仿汉玉雕手法，在背景处理上尤其如此。正如王士性《广志绎》里提到的："即物有雕镂，亦皆商、周、秦、汉之式。"此画案可谓一例。

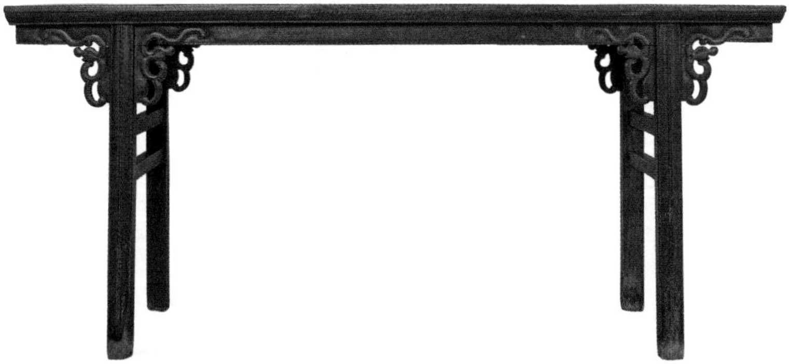

25. 四平面马蹄足小几

楸木
69厘米长，34厘米宽，31 厘米高
18/19世纪，山西
蒋奇谷藏，戴维·泰珀摄

此几矮小但比例和谐，给人一种浑厚敦实之感。按尺寸看，此几应该用于炕上，但形制与炕桌完全不同。也有可能是用来搁手或放茶盏之类小件器具（类似几26的用途）的。此几使用频繁，棱角全无，几面上有大小、形状和深浅不同的火烫印，平添意趣。

26. 束腰方格底香儿

和方桌4的束腰一样，此香儿的束腰也是雕镂而成，因此乃是视觉意义上的束腰。此香儿束腰外露，雕成与牙条相反的内圆线脚，儿面底开托底线脚，强调了束腰的弧线。四面的牙条和儿腿以及牵脚档的面是被称为“指甲圆”的微圆弧面，使整个香儿饱满圆润。香儿底别出心裁地做了方格层，可以放一盆花，既好看又增加儿的稳定性。值得注意的是，方格层与四儿腿的衔接处均做了内圆弧过渡，与方格形成对比，表现了儿外方内圆的整体感。这是费料费工、大材小用的做法，以期达到圆润又有变化的效果，还顾及与使用功能的统一，可见匠心独具。

榉木
40.3厘米长，27厘米宽，80厘米高
18世纪，扬州
刘山藏，张召摄

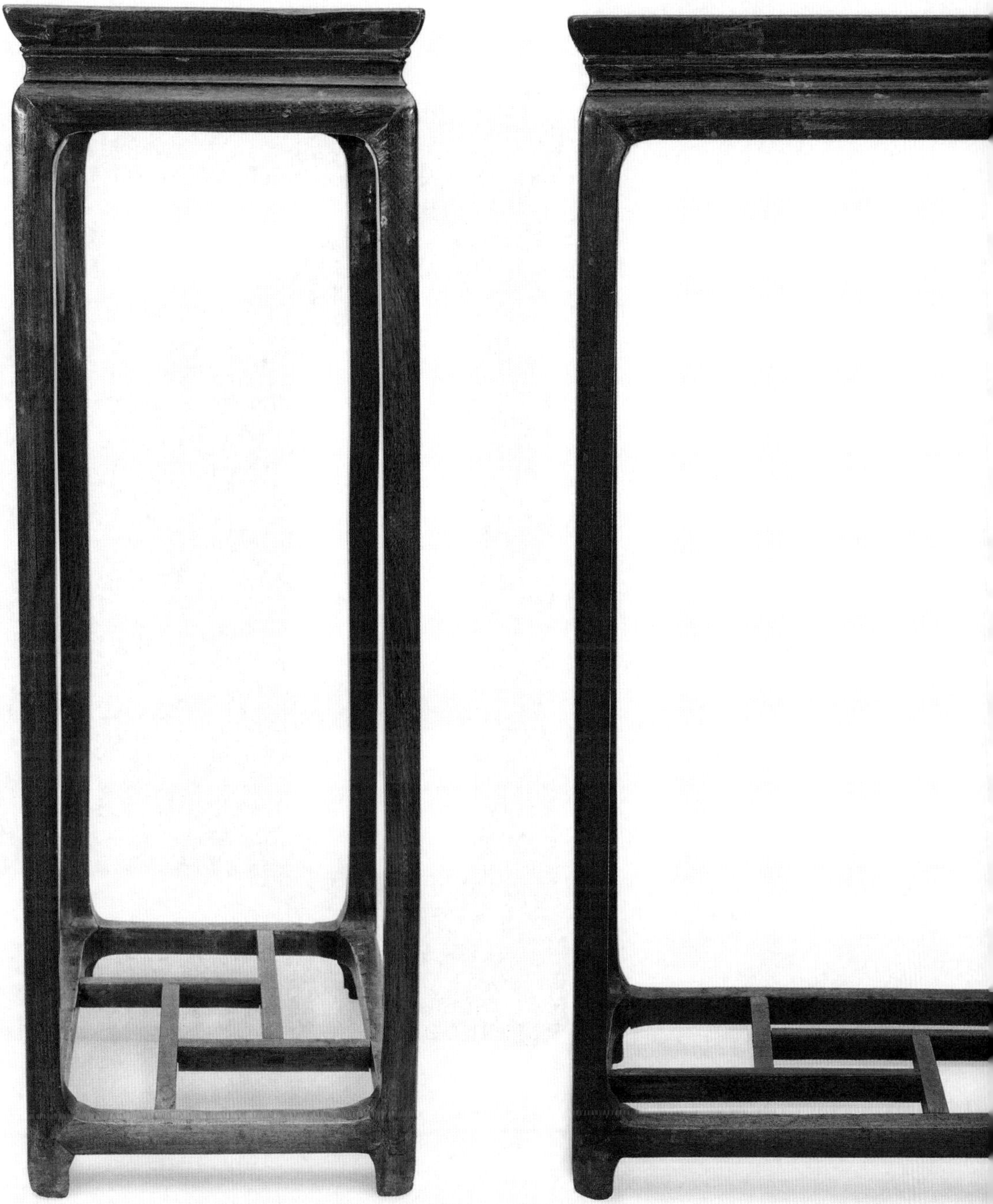

27. 方壶门小几

此小几形制特别，小巧玲珑，但在用途上似乎难以确定。它既不像古代画作里的那种凭几，也不是通常意义上的炕桌；它尺寸很小，所以放不了太多东西；又矮，如放在地上的话，得弯腰拿取上面的东西。按其高度看，坐在炕上的人用来搁手（凭几）比较合适，可称之为小方凭几。除了搁手，还能剩余一些空间，放一本正在读的书，或者一盏茶。根据古代文献记载，扬州是用炕的，所以有炕桌和凭几就不足为奇了。关于凭几，王圻说“君子凭之以辅其德”，[1] 如用来搁手便有了深刻的文化含义。此小几下面都是四平面，然而仔细看就会发现，四根牵脚档与几腿都做了45度插榫，于是从外面看像是四平面，而实际上是将几腿裹在牵脚档里面。此几腿奇短，仅在底部露出一点点。当牵脚档如此接近底面，就有点托泥的意思。这种外四平、内裹脚的做法非常特别，还有几例，如脚踏5、桌2，都是裹脚，但不是四平面。这种做法应该很古老，可能属于托泥的另一个类型。淮扬地区有一些实例，而其他地区则很少见。

1. 王圻、王思义：《三才图会》，“器用十二卷”，明万历三十七年（1609年）刊印。

楠木
62.6厘米长，31.6厘米宽，30.6厘米高
17/18世纪，南通
刘山藏，张召摄

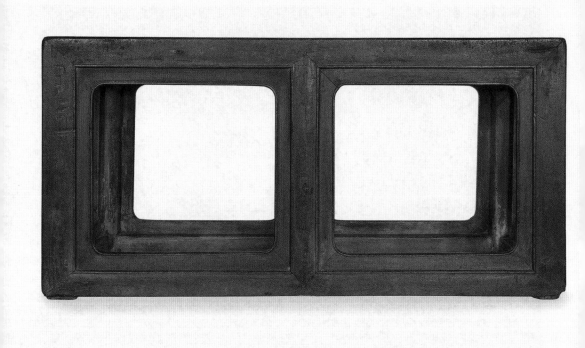

28. 八字腿画桌

此桌的桌面为独板，桌腿与牙条衔接的榫卯有些奇特：因为不与桌面做平，因而不是四平面；也没有束腰，所以不是抱肩榫。实际上，此桌的榫与四平面和抱肩榫是一个类型。它们有个共同之处，就是桌的外轮廓是方的，内轮廓即桌腿内侧连牙条处是圆的，因此亦可称外方内圆榫（参见桌9、几18）。此桌桌面与桌身用铁钉而非榫卯，结构线条朴实简练，看上去像文徵明《丛桂斋图》里画的另一张桌（参见图18）。可惜文徵明画的只是桌的一角，上面还放有茶杯和架子，所以很难确定其是否与此桌为同一类型。此桌桌腿侧面八字而正面90度垂直，从不同角度看颇富变化。此桌原有髹漆，桌底牙条内侧还遗留漆底织布，是古代中国所有家具都髹漆的一个佐证。此桌造型简约而近于纯粹，时代久远而髹漆褪尽，从而达到一种文人所追求的简淡境界。

榉木
102厘米长，48厘米宽，58厘米高
16世纪，苏州
周峻巍藏，章一林摄

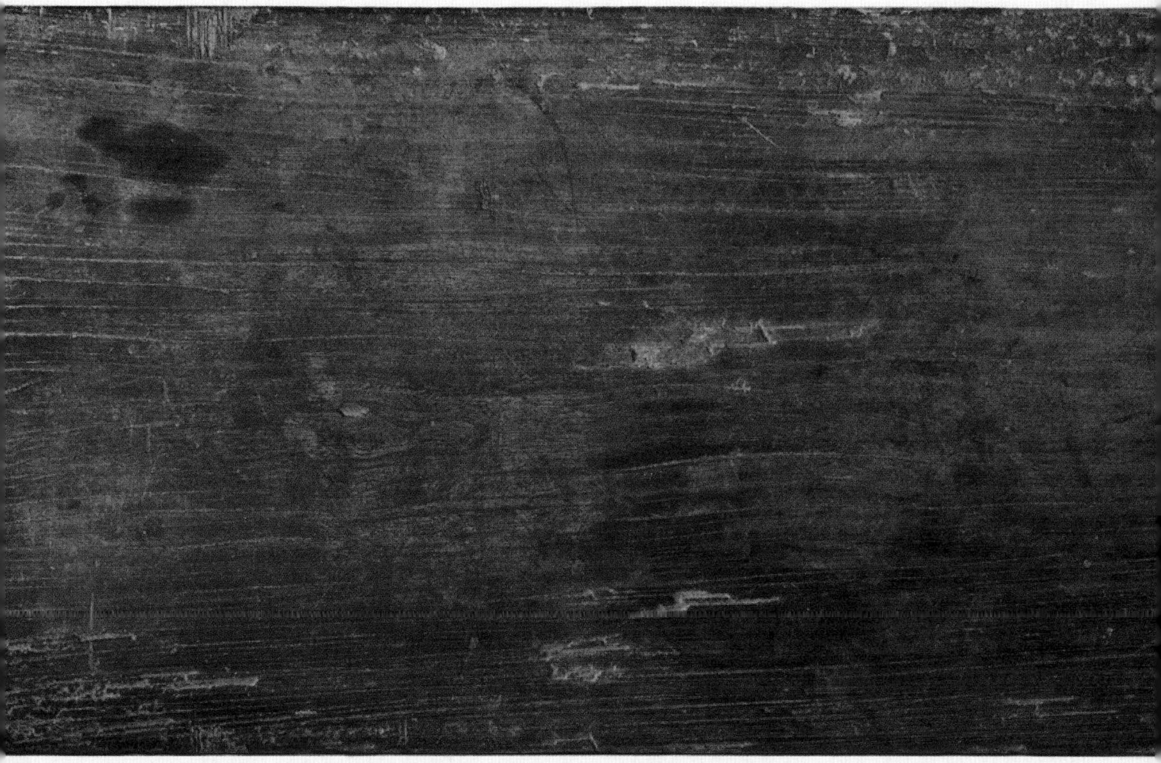

29. 夹头榫圆腿翘头案

此案与案10是中国古代木作匠人对宇宙最基本的两个形状——方与圆的极致理解和发挥。两案的形制一致，均为刀子牙头一字档（牙条），四腿均具微倾的角度，双牵脚档，独块面板，但由于基本形制中使用方、圆的不同，两案的做法也随之变化。此案两翘头做了不同于案10的收口——案10方直而此案弧圆，这使两案的翘头由方圆而生辉，各具千秋。此案牙条牙头本意应是使用一块整木，无奈材不够大，使得四刀子牙头均须各接一小块，是妥协的做法，殊为遗憾。此案做过深度清理，留下砂皮打磨的痕迹。此案与案10的简朴之美均是文人审美的视觉外化，再写一句即成多余。

榉木
206厘米长，46厘米宽，76厘米高
17世纪，苏州
周峻巍藏，章一林摄

椅·凳

1. 高低扶手南官帽椅（一对）

此对南官帽椅的扶手与通常不同，有一个从后面由高往低的倾斜度。这是南官帽椅扶手的一种特别做法，灵感可能来源于圈椅后高前低式扶手。此椅前竖扶手档为连腿档，腿的部分外圆内方，增加了椅腿的强度。竖档从座面拔起，先往前略倾，又向后收，呈鹅颈曲线。左右扶手横档呈弓字形，靠背先凸后仰，和扶手横档弓字形成一致的弧线，可将坐者浑然裹住，使整个椅子有一种温馨之感。此对椅靠背上的浅浮雕值得一提：是一对雕工圆润的草龙纹图案。右椅的草龙往左，左椅的往右，成双成对。草龙纹有单龙，也有双龙，如椅9为双龙。双龙图案的椅子可以单只，也可以是两只以上，因为不存在配对问题。不仅是南官帽椅，其他如四出头官帽椅、圈椅、梳背椅等，在传统上都是一对起做，或者更多，如四、六、八只等，成对成双而不会是单数。若为单只，往往是被拆散了。此对椅的踏脚档和椅腿的着地部分有虫蛀和较严重的磨损，现已修复。

榉木
52厘米宽，40.5厘米座面深，
87厘米高
17/18世纪，苏州
蒋奇谷藏，柴爱民摄

2. 黑漆南官帽椅（一对）

北方制作的官帽椅也称“南官帽椅”，款式一样，风格却不同。它们的区别在于椅背和扶手四个衔接的角：南方通常采用圆角接法，而北方椅背是直角扶手，形成尖角。传统中国画里有不可“妄生圭角”的说法，[1] 意思是要含蓄柔润而不要锋芒毕露。这是文人审美的一个原则，亦是绘画乃至家具中重南轻北的一个渊源。但如果从纯视觉出发，直、尖角更具张力从而更加符合现代审美。此椅简括方正，搭脑档中间背板段作下行弧线，两头略细，寄蕴微妙于简单。俗称猪尾的扶手撑档（北方称“联帮棍”）弧线弯向内，形成往内的拉力。扶手横档与椅1相反，后低前高，形成往上的冲势。椅3的扶手竖档与前椅腿前后分开做，留出往前突的空间，但扶手横档平做或后高前低，冲势由此不同。此椅往上冲，视觉冲击力强，与平、俯冲一起，三头并进。

1.（宋）郭若虚：《图画见闻志》，“论用笔得失”。

榆木
57厘米宽，42厘米座面深，51.5厘米座高，98厘米高
19世纪，山西
蒋奇谷藏，戴维·泰珀摄

2. 黑漆南官帽椅（侧面）

3. 黑漆高背南官帽椅（侧面）

3. 黑漆高背南官帽椅（一对）

此对南官帽椅可谓北方风格之典型。左右扶手和搭脑两端往外尖翘，形成强烈的视觉冲击力，给人剑拔弩张之感。竖扶手档底端为方形，然后削雕成圆形曲线往上。与椅2相反，此椅横扶手档从椅背往下倾冲，像斗牛的角向前触挑。这一冲势由于竖扶手档与前椅腿分开做而显得更为猛烈。搭脑两头往上翘，就像一把拉开的弓，中间靠背板托颈段突出，像弓的把手，亦感觉是靠背板的延伸。既考虑到功能（颈枕）性，亦增加了美感。四条牵脚档下面都安有小刀子牙板一字档，颇为讲究。此对椅体现了北方的豪爽性格，略带“霸气”，是一对精神抖擞的北方南官帽椅。

榆木
62厘米宽，46厘米座面深，
111厘米高
17世纪，山西
马可乐藏，崔鹏摄

4. 藤面高扶手南官帽椅

此椅的扶手看上去很高，但实际是因与短矮靠背的比例关系而产生的一种视觉错觉，而视觉中的错觉往往是审美的一个重要部分。此椅除了踏脚档外，椅腿、搭脑、扶手（无扶手撑档）均为一木直圆档，靠背板略微内弯，极其微妙，淡雅简洁。此椅黑漆因时间久远而大面积脱落，形成斑驳的图案纹，且正、侧、背面的斑纹又不尽相同，奇特别致。这是一把少见的、气质空灵的、晋作直背式高扶手南官帽椅。

槐木
53.5厘米宽，44厘米座面深，
81.5厘米高
17/18世纪，山西
马可乐藏，崔鹏摄

5. 高背南官帽椅

与椅2、3的直、尖、翘角相比，此椅的四角如此柔润，且包铜全然贴随圆木档，是南方做法。从比例看，此椅与北方同款式椅3高度一样，宽度要略窄一些，椅座深度略深，所以看上去好像比椅3高。此椅背板与连后腿档曲线完全一致，富有旋律感，且与椅3、6正反弧线不同。再比较交椅13、14，南方椅的背板与连后腿档曲线一致较多，北方则多正反曲线。与椅2的扶手撑相比，此扶手撑档弧线外鼓，让坐者感觉更舒坦。整椅造型含蓄内敛，文气十足。此椅后牵脚档特别低，而北方的后牵脚档通常比较高（参见椅2、3、4等），各有千秋。

榉木
56厘米宽，53厘米座面深，
111厘米高
17世纪，江苏
刘山藏，张召摄

6. 大红朱漆高背南官帽椅（一对）

此对椅是又一例秀气型北方家具。先看各部分之间微妙的比例：椅腿略粗于座板的厚度，座板的厚度又略粗于弓字枨和矮老。再看做工：后腿从座面往上非常微妙地变细，两横扶手档和搭脑均为弓字形，搭脑在靠背板段略粗于两端，扶手竖档则为鹅颈曲线，横扶手做成微微地前高后低，使椅虽往前冲但不激烈（相较椅2）。此类椅的制式南北一致，但在细节上可看到不同：扶手的撑档（联帮棍）为三节竹造型，与南方椅子花瓶多节竹的做法同类不同款。从装饰角度看，山东的不如山西的繁复，但均为北方做法，南方不曾有见。此椅漆保存完好，整个椅子虽然髹响亮大厚红漆，但仍不失优雅。椅座、椅背比例合宜，颇具文气。

榆木（山榆）
60.5厘米宽，45厘米座面深，119厘米高
18世纪，山东曲阜
马可乐藏，崔鹏摄

1. 王世襄:《明式家具研究》“图版卷”有一张灯挂椅线图(甲55),没有材料、尺寸、出处等信息。此外,有一把四出头素官帽椅(甲69,实物),一把梳背椅(甲61,线图),两把南官帽椅(甲73、74,实物)和三把玫瑰椅(甲62、63、65,其中62、63为线图),均为此做法,但没有二出头高背椅。

榉木
50.5厘米宽,39.5厘米座面深,
42厘米座高,101.5厘米高
17世纪,松江
蒋奇谷藏,柴爱民摄

7. 藤面二出头高背刻花椅(灯挂椅)

此椅俗名灯挂椅。它四座面均为弓字枨加矮老,这种做法玫瑰椅、南官帽椅较多,但在二出头高靠背椅里较为少见。[1]此椅搭脑为弓字形,但属于三节式,与椅3、14的弓字完全不同,也没有高出来的托颈板。此椅背板上有精细浅浮雕,为一半海棠纹,方形开光框原为四层,由于磨损,上面只剩三层,左右两面的下半部分和底的框边仅剩两层。海棠花的杆子也被磨平而失去了上面原有图案。此椅做过修复,海棠花开光下方可能是树的枝节留下的洞缺,已填嵌,看上去应该为旧修。填嵌木上裂纹的方向与椅背木上裂纹一致。此修复由原深朱红髹漆覆盖而不易看出,现漆被磨损而显露出来。前左椅腿底部因磨损亦有加高,使椅子可以平稳而坐。

7. 藤面二出头高背刻花椅（灯挂椅）

8. 藤面素背二出头高背椅（灯挂椅）

8. 藤面素背二出头高背椅（灯挂椅）

与椅7相比，此椅各部位做法有所不同：椅7座面下四面均为矮老弓字枨，而此椅座面下正面为平壶门，两侧和后面均为刀子牙板一字枨。两椅的搭脑也各异，装饰亦不同：此椅背板为素板，椅7则雕有开光海棠花。关键是，结构上的一些差异，使它们造型不同而彰显了各自的个性。此椅比椅7高5.5厘米，宽和深仅少1厘米，但此椅感觉上要高出椅7很多。实际上这两椅的背是一样高的，因为此椅的椅座比椅7高5.5厘米，这样一来两椅背高就打平了。秘密在于两椅的连背后腿有微妙的差异。从正面看，此椅连背后腿从椅座起就开始往上收缩，而椅7则是从座面直上至二分之一的部位才开始往内弯，所以此椅显得高挑。再从侧面看，此椅连背后腿是直的，出椅座到几乎是五分之三处才开始往后弯，两腿的弯度却又略微不同，还有，后腿不仅往后弯且往上往内收缩，这就是此椅微妙细腻的地方。还有，此椅的搭脑档水平看是平的，就像是一字档，而颈托往后，要俯瞰才看得到。正是此椅的正面弧、四分之三侧面弧及平视颈托搭脑等微妙细腻的处理和变化，使它优雅潇洒，充满文人书卷之气。而椅7本来就矮了5.5厘米，连背后腿正侧面弯度没变化，所以雪上加霜显得墩胖。此椅曾经过深度清洗，清除了表面朱漆而使榉木的木纹展显无遗。后又经常使用，渐有人气包浆。牵脚档、踏脚档底部及座面边底部朱漆仍然依稀可见。踏脚档的一头略有开裂，但整体保存还算完好，也可能是上面曾有竹护档的缘故。

榉木

49.5厘米宽，38.5厘米座面深，

47.5厘米座高，107厘米高

17/18世纪，苏州

蒋奇谷藏，柴爱民摄

9. 圈椅

此圈椅体态粗犷且敦实稳重，为北方风格，但又具南方的温润，因此产地应在南北之间。此椅座正面壶门值得关注：壶门的三面均为凸弧形，横面弧形较左右两面来得平缓，结构便形成篆书体“几”字，与椅1、5、8、10平直档壶门像美术体“入”或“八”字的感觉完全不一样。再对比椅2、3、4的莲花瓣式壶门以及椅12的花式莲花瓣壶门，此椅稳重感的来源就明白无误了。此椅的扶手和椅背都用铁条匝箍（扶手箍条已脱落），铁箍比铜箍细，能更多地显示木纹，而座面及椅腿均用宽铜条，以增加韧性。此椅背上的双龙嬉戏图案生动活泼，简练可爱。

榉木
61厘米宽，61.5厘米座面深，95.5厘米高
18世纪，江苏
刘山藏，张召摄

10. 梳背椅

梳背椅的椅背通常为直背做法，但此椅椅背在顶部往后弯，搭脑中间还像弓字枨突出一段。这么一来，每根背档便都要一致往后弯曲，使做工变得复杂；搭脑中间突出部分不但要增加做工，而且费料，且中间的四根背档也要比左右两根长。扶手档同理：后高前低分两节，联帮棍因此也要后三根长前两根短。由此可看出，此椅的主人不惜工本以求造型变化，增加了柔性，从而使此椅极富人性化，但同时也不失简洁周正，是为苏作典范。

榉木
54.5厘米宽，43.5厘米座面深，88厘米高
18/19世纪，苏州
刘山藏，张召摄

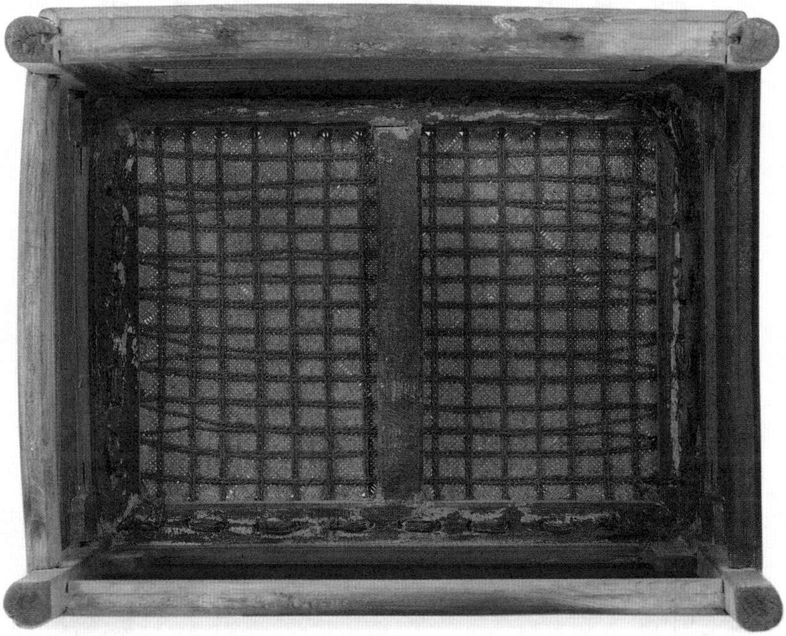

11. 高背椅

此椅简洁无饰，各部分均为典型苏作的做法：椅正面弓字枨加矮老；后三面均为刀子牙板一字枨；牵脚档为步步高，背板曲线与连后腿档曲线全然一致，使椅有一种节奏感。搭脑在椅背板处做有颈托，与椅背板浑然相接，整个椅背线条柔和。椅背曲线与椅5几乎同韵，与椅座形成微妙的圆方对比。此椅因为没有扶手，而不能称为南官帽椅；搭脑两面也不出头，所以也不是灯挂椅。椅背的曲线如此婉转，称其直背椅也不妥，且称高背椅。

榉木
51.3厘米宽，47.5厘米座面深，
102.3厘米高
18世纪，苏州
刘山藏，张召摄

12. 玫瑰椅（一对）

核桃木，榆木
56厘米宽，44厘米座面深，52厘米座高，95.3厘米高
19世纪，山西
蒋奇谷藏，戴维·泰珀摄

此椅具有强烈的地域风格，主要体现在椅正面壶门、椅背牙板雕刻及椅背和椅座的比例。此椅壶门为花式，即左右牙条上有两波停顿花饰，常见于早期北方家具。此椅壶门花饰已简化。椅背牙板雕刻棱角分明，率真直白，然图案风格古老，可追溯至汉代简刀玉刻，甚至商周青铜器上的夔纹、云雷纹。此椅椅身为核桃木，座板用的是榆木，可能出于榆木更耐磨的考虑。此椅朱漆保存完好，呈金红色。

13. 学堂直背交椅（四把）

此组交椅很可能是旧时学堂用椅，一是便于搬动，二是椅背上的刻字——“知廉耻”“晓诗书”“明礼义”“力强身”，是用隶书书写的三字箴言。这应是将儒家的信条刻在椅背上，让学生每天看到，从而起到潜移默化的教育作用。原椅也许不止四把，可能还有椅子刻着“敬师长”“仰高洁”“守诚信”等文字。

梨木
48.5厘米宽，34厘米座面深，52厘米座高，98厘米高
18世纪，中国南方
马可乐藏，崔鹏摄

知廉耻
曉讀書
明禮義
力强身

13. 学堂直背交椅

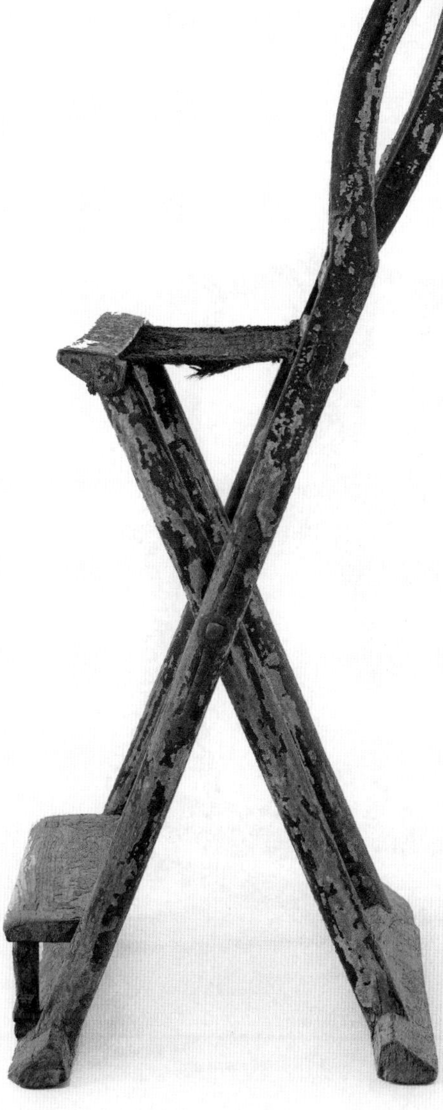

14. 黑漆直背交椅

14. 黑漆直背交椅

槐木
65厘米宽，38厘米座面深，57.5厘米座高，111厘米高
17世纪，山西
马可乐藏，崔鹏摄

此交椅造型古老，且有明天启五年（1625年）书款。此椅黑漆保存相对完好，局部看椅背有透光，但造型不够流畅自然。椅背底部的透光装饰略为烦琐。

15. 束腰南官帽椅

此椅样式为清式，俗称太师椅，其体态雍容硕大，而被认为象征权力。据宋代文献，太师椅由来已久，但实际上那时候的太师椅就是交椅。此种制式的太师椅是入清才逐渐演化而成的，在结构上可以看出它与南官帽椅的关系。此椅搭脑中央部分突出，椅座下有束腰，因而具有太师椅的特征。此椅造型方正，比较那些装饰繁复的太师椅，此椅颇为简洁，但其连椅背扶手档上面和下面的回纹倒钩，以及椅背档接座面处的回纹倒钩，均颇显多余。

榉木、鸡翅木（椅背板）
57厘米宽，49厘米座面深，90厘米高
19世纪，淮扬地区
刘山藏，张召摄

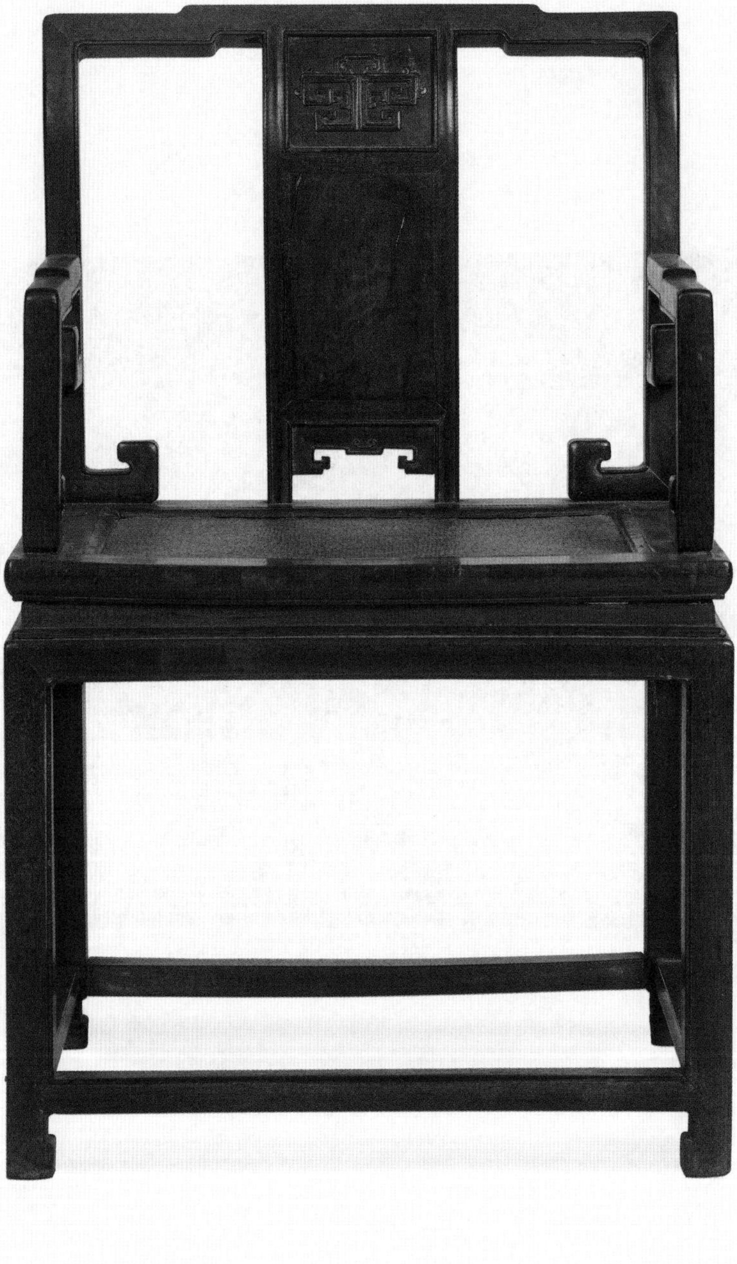

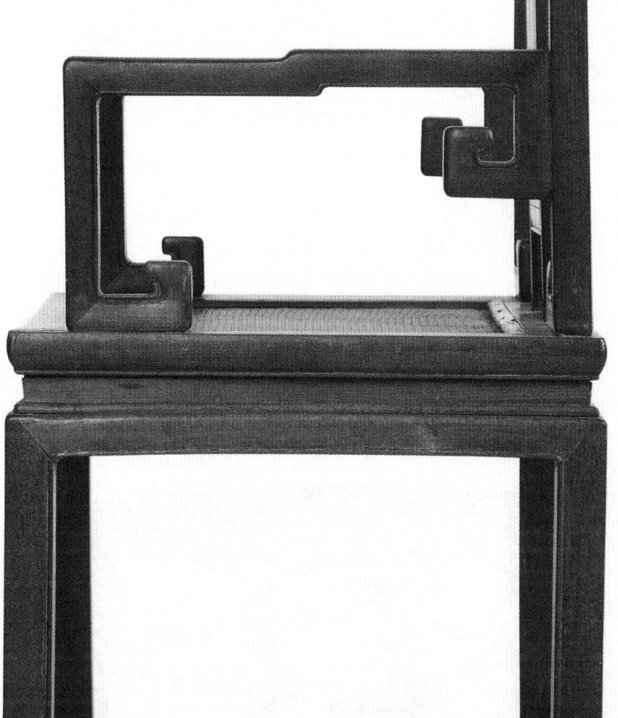

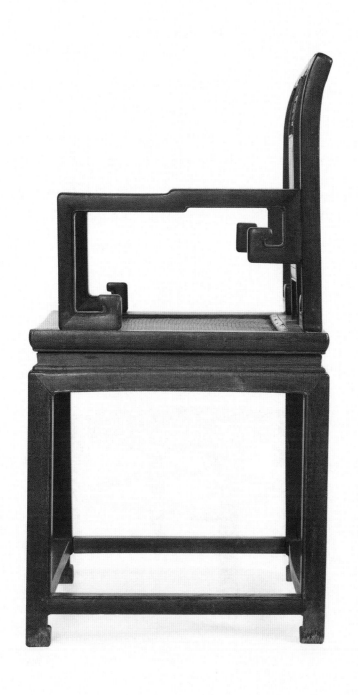

16. 如意云纹方凳

1.（宋）吴曾:《能改斋漫录》:“床凳之凳，晋已有此器。”

方凳在北方称“杌凳”，“杌”字的原义是没有枝的树干，由此引申为没靠背的坐具，古称“床凳”。[1]床即胡床，是有靠背的交椅，因此有无靠背便成为椅和凳的区别。此凳牙头为如意云纹，淮扬地区称之为“猫耳”。牵脚档为弓字枨，但弓形较平缓，而不像有的方桌的弓字枨那样剑拔弩张。此凳牙条板、弓字枨及凳腿滚边线脚均柔婉而细润，牵脚档随外圆内方的凳腿圆弧相接，匠意微妙且讲究。

榉木
55厘米长，55厘米宽，48厘米高
18世纪，江苏
刘山藏，张召摄

17. 霸王枨束腰小凳（一对）

此对小凳虽尺寸短小，但浑厚结实，非但不显肥胖且精神抖擞，原因是造型上做了微妙的处理：束腰部分与方桌4一样，是视觉上的而非真正的束腰。具体做法为凳腿四个角、牙条以及凳面下端削进，形成短小束腰。此对小凳可能原来不是一对。它们有共同之处：牙条比凳面宽厚，与凳腿弧圆相接，使得凳的正面看上去像健美运动员的双肩那样宽厚。但又各有特点：右面小凳为三角身材，左面那只则为箱形身材。左面那只凳腿内外线笔直，上下粗细一样而显得魁梧；右面的那只凳腿上粗下细，内线从牙条圆弧相接处直下，外线则从抱肩开始到马蹄足往内收缩，整体呈现一种向上的提升感。它们是淮扬木作的典范。

榉木
44厘米长，33厘米宽，44厘米高
18世纪，江苏
刘山藏，张召摄

18. 仿竹弓字枨方凳（一对）

榉木
58厘米长，58厘米宽，47.5厘米高
18世纪，苏州
刘山藏，张召摄

此对凳虽小，然其做法为仿竹式。此凳弓字枨直接与牙条相接，一气呵成。此凳仿竹做得考究：所有凳腿雕成四圆，仿佛是四根竹竿捆在一起。通常仿竹为省工仅雕外面三圆，因为里边的一面不雕也不易察觉。不仅如此，此凳四根牵脚档朝上的一面也雕圆，妙在看似不经意，却匠心独具。

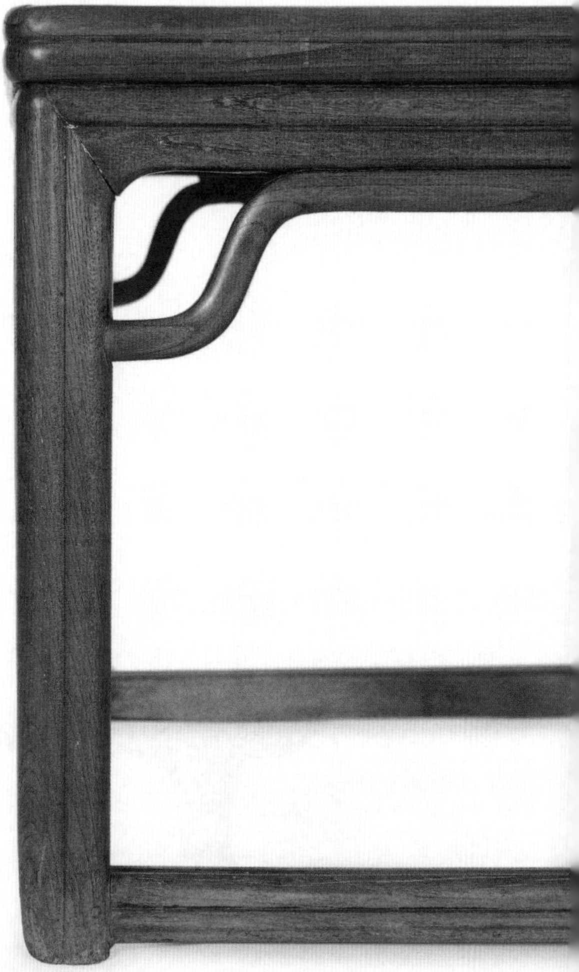

19. 插肩榫短剑腿条凳

椅、凳虽然常常合称，但凳的形制相对简单，且通常为小件，似乎不如椅来得重要。此凳为条凳，这个长度可坐四人，甚至五人，因此要做得牢固结实。此凳做双牵脚档，牙条板宽厚，并采用插肩榫做法，比夹头榫更能承受压力。从底部看，原凳还有三条短档，以加强坐多人时的承受力。此条凳应该是门凳，即放在门前过道里的条凳，除了坐人以外还可以放东西。此凳原黑漆脱落，但比较均匀，形成独特的视觉效果。每一件家具的髹漆由于时间、环境等因素会有不同程度的脱落，这反而赋予其鲜明的个性，亦成为白木家具特别是北方髹漆家具的一大特色。

榆木
189.5厘米长，30厘米宽，
52.51 厘米高
17世纪，山西
马可乐藏，崔鹏摄

20. ×形牵脚档束腰小凳

此凳为长方形，因此牵脚档不是十字而是×形。此凳制作工整，线条凝练；束腰牙条为一块整料雕成，内翻马蹄足翻得很深，应是此凳的主人为了达到视觉审美效果而大材小用。凳身髹漆红色深暗而偏紫，可能是为了接近紫檀而调成的颜色。此凳凳身髹漆保存完好，凳面漆由于久坐而磨损殆尽。可能就是因为红紫漆色，造成此凳虽然个头小却给人一种分量沉重之感。

榉木
45厘米长，38厘米宽，42厘米高
19世纪，苏州
周峻巍藏，章一林摄

21. 条凳

条凳即长凳，是用途宽泛的坐具。按《鲁班经》的制法，条凳要宽。[1] 这与《清明上河图》里的宋代条凳比例一致，为古法。宽条凳亦被称为“春凳”。宋代也有狭窄的条凳，如高平开化寺北宋壁画里所绘纺织女坐的那张条凳，制作简单，凳面明榫清晰可见（参见图17），与我们常见的条凳别无二致。此对条凳制作讲究，凳面冰盘沿上大下小并做绲边，凳座下面做刀子牙板全围一字档刀板牙条，且都以灯芯草线脚绲边，做法与案、桌一样。条凳往往用于饭馆、戏院、会议厅等公共场所，成批制作的可能性大。此对条凳色泽各异，尺寸等细节也略微不同，应该不是原对。但是在同一地点收得，姑且算作一对吧。

1.《鲁班经》：“板凳式，每做一尺六寸高，一寸三分厚，长三尺八寸五分。凳头三寸八分半长，脚一寸四分大，一寸二分厚，花牙勒水三寸七分大。或看凳面长短及〈大小〉。粗凳尺寸一同。”转引自王世襄：《明式家具研究》。

榉木
105厘米长，17厘米宽，50厘米高（A凳）；105厘米长，16.5厘米宽，48.5厘米高（B凳）
19世纪，南通
蒋奇谷藏，戴维·泰珀摄

A

A

B

B

B凳面

橱·柜

1. 立柜

这个类型的立柜王世襄先生称之为“圆角柜”。与“圆角柜”相对的是“方角柜”。二者的不同在于：圆角柜的门是榫卯结构，方角柜的门则用铜铰链。人们一般称方角柜为立柜，但方角柜、圆角柜都是直立的柜子，所以不妨统称为立柜。此类柜在南方被称为“大小头”，这是因为柜子的底端大，顶端小。这一大一小却反映了古人敏感的视觉体验：下大上小的柜子有一种视觉稳定感，从而给予人一种心理上的安全感。相比上下一样大，下大上小显得更为稳定。还有，下大上小形成一种透视感：同样高的两个柜子，下大上小的柜子会显得更加高大。此柜的线脚值得一提：前面两边柜脚为四棱二炷香，后面柜脚和柜门则为双棱一炷香。柜门左右榫轴两面均为一炷香到底，柜底档和柜顶盖板三面均为双棱一炷香，甚为精细而不失简练。

榉木、松木
71厘米长，33.5厘米宽，
92.2厘米高
18世纪，苏州
刘山藏，张召摄

2. 黑漆彩绘鹊梅小立柜

中国大漆彩绘家具对西方家具影响很大。早在17世纪，通过海上贸易，西人对大漆彩绘家具产生了巨大兴趣。他们开始模仿，并称之为“中国风”（Chinoiserie）。[1]以橱柜为例，上好的柜子其柜身是当地做的，但两扇柜门还是要从中国定制进口，因为彩绘西人虽可模仿，但水准难以企及。橱柜有左右柜门的对称空间，可给予彩绘艺人发挥的天地。他们从水墨画传统汲取营养，以山水、花鸟、人物为题材，不但美化了家具，而且携文化四海传播。此柜织布漆底清晰可见，所绘的是传统题材：喜鹊与梅花，谐音“喜上眉梢”。梅梢上依稀一只小鸟，左门下方还有几朵菊花，暗示着秋季。此柜描金脱落，画面模糊，漆也出现了文震亨《长物志》里所说的“古断纹”，却增添了几分特别的朦胧美感。

1.《学术辞典》（*Dictionnaire de l'Académie*）：“名词，阴性，艺术品，家具，或其他奇异珍品，皆是来自中国，或依据中国品位而制作。”1878年。

槐木、桐木
96厘米长，46厘米宽，
114.5厘米高
16世纪，山西
马可乐藏，崔鹏摄

3. 鸡笼橱

鸡笼橱因为外形像鸡笼而得名，应该是俗称。具体称呼可以根据用途来定：在厨房里用来储放碗碟、饭菜等，可称碗橱；如用来放书，则可称为书橱。此橱甚为高大，两扇橱门和橱左右两边的橱面均为可以卸装的条杆格框，搬橱时可卸下，能大幅度减轻橱的重量。值得一提的是两扇门之间的竖档和它与橱的结构关系。从榫卯结构来说，此竖档榫卯是滑膛榫的一种，但与一般的滑膛榫还是有些差别：橱顶部分与其他滑膛榫一样，开的是母榫，竖档顶头为公榫。橱底部分则是高出一块的小竖桩而不是滑膛，它实际上就是一个公榫，而滑膛部分则是竖档底头的两面（不是三面）开通的母榫。将竖档的顶头先插入橱顶的母榫，然后把竖档底部的母榫一边开口对准小竖桩往里一推，竖档便安置好了。从橱两边的横档来看，此橱共有五层，但原来的隔层板均遗失。此橱体积很大，如放菜饭的话可以放很多，能供一个大家庭用。但放书就不算太大，特别是拿它与文震亨《长物志》里提到“阔至丈余”的大书橱相比的话。一般文人有这么大小一橱的书应该是很普遍的。鸡笼橱的好处是可以看到里面的书，通风且书不易霉蛀。

榉木
111厘米长，55.3厘米宽，192厘米高
17/18世纪，苏州
蒋奇谷藏，柴爱民摄

4. 束腰条案式柜

此柜构想奇妙，案柜一体。从制作过程看，应该是先做案，再左右前后加封板改成柜。案主也许缺少存放东西的空间，忽发奇想，将此条案改成了柜。也可能原来就是一只柜子，主人特别喜欢案桌造型，特地打了这款案式柜。此柜的原漆经历过清洗，仔细看会发现一些地方还留有原漆痕迹，后又刷一层透明漆以显示木纹。此柜为核桃木，木纹细密，木色温润，布满小黑点（芝麻点），整体看去犹如湖水微波荡漾，是被低估的美木。

核桃木
111厘米长，46.5厘米宽，76厘米高
19世纪，山西
马可乐藏，崔鹏摄

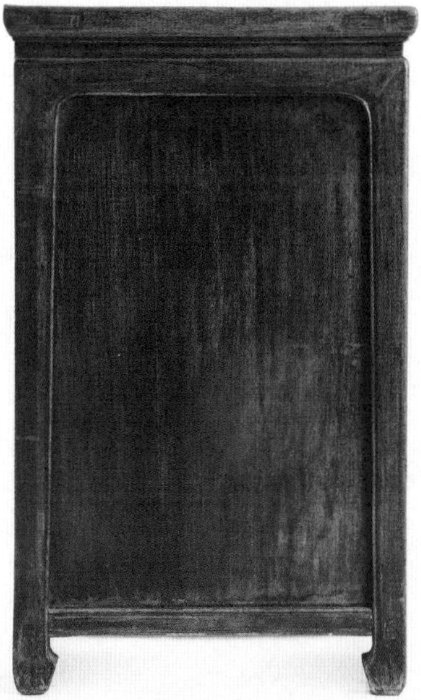

5. 案式小柜

这件小柜敦厚结实，造型是仿山西地区的供桌，但柜身没雕花草图案，仅在左右牙板加两朵曲叶兰花，抽屉板上的壶门也有一些雕饰。此柜为暗柜，因为要把整个抽屉拉掉才能取放柜里的东西，颇有点隐秘性。此柜木材为核桃木，木质紧密，油性大，手感细润，髹漆年久有所脱落，木色更显深沉。此柜尺寸短小，可为炕柜，亦可作为矮凳。

核桃木
56厘米长，44厘米宽，37厘米高
19世纪，山西
蒋奇谷藏，戴维·泰珀摄

6. 朱漆十一屉小箱

此箱有六层十一屉，上面五层，左右各一屉，共十屉，最下面仅一层一屉，尺寸正好是上面屉的两倍。此箱多屉疑是药箱，但每个屉面上雕有海棠式环纹，圆环铜把手置于其中间，没有空间写药的名称标签，而且抽屉矮而深长，似乎不太适合放草药，所以，为文人放纸签的文件小橱的可能性更大。此箱有款，为明“万历四十二年造”。此箱四边及箱底座四角均包铜，两侧铜把手为锁形，把手段为方形，上接圆形锁环且略粗。箱门上圆环铜把手比抽屉上的略大，把手底片上的花纹也不尽相同，制作极为讲究，工艺精湛。

白木（具体木材不明）
51.5厘米长，34厘米宽，50厘米高
17世纪，山西
马可乐藏，崔鹏摄

萬曆四十二年造

床·榻·脚踏

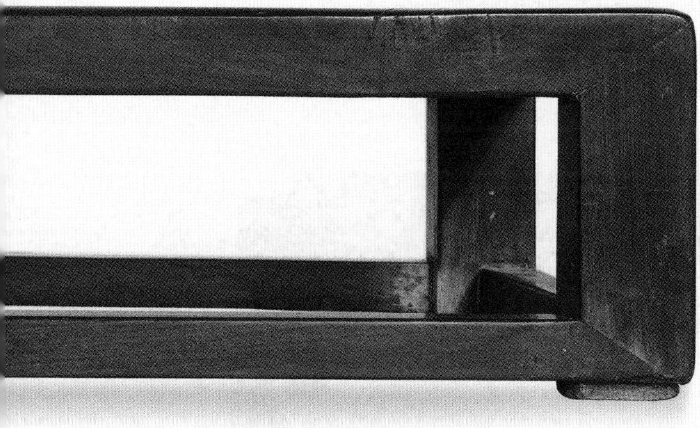

1. 罗汉榻（床）

1.（明）高濂《遵生八笺》曰："矮榻，高九寸，方圆四尺六寸，三面靠背，后背稍高如傍……又曰'弥勒榻'。"文震亨《长物志》卷六"几榻"曰："短榻高尺许，长四尺，置之佛堂书斋，可以习静坐禅，谈玄挥麈更便斜倚，俗名'弥勒榻'。"

正如上一章所讨论的，罗汉床其实就是文震亨《长物志》（卷六"几榻"）里所说的榻，因为榻三面有靠背，而床没有。罗汉床不是一个正式的家具名称，而是俗称，可能源于高濂称之为"弥勒榻"的矮榻（文震亨称"短榻"）。[1] 矮榻为坐具，因四腿半圆弧外凸（鼓腿）像弥勒肚而得名。此榻四腿粗壮笔直，是明代典型的榻腿做法，尺寸比矮榻大得多，因此是文震亨当年所忌的有"四足"的榻，而非罗汉床。问题是，眼下众人一口，皆称此类榻为罗汉床，重复百千万遍，木已成舟。本书仅在此一鸣而已。此榻三面为平板靠屏，朴实无华。然而，每块靠屏都是两头镶条边，目的是避免看见横切的木纹。三面靠屏均方直平做，中间的一面靠屏略高于左右两扶手屏。榻的整体造型外方内圆，干练素净，为典型的明代简式木榻。

楠木
205厘米长，113.5厘米宽，82厘米高
17世纪，中国南方
刘山藏，崔鹏摄

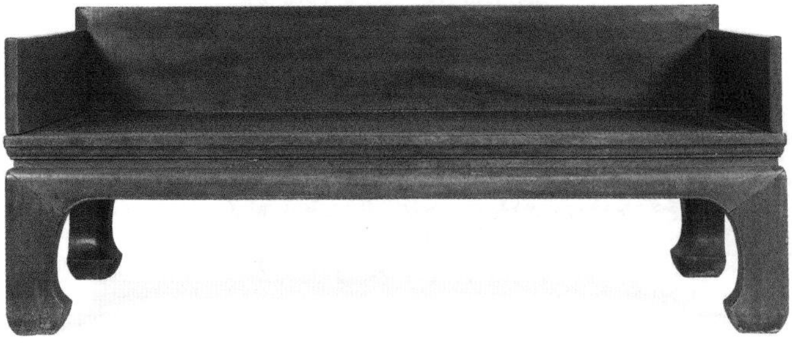

2. 圆腿单牵脚档床（榻）

此床与床3、4的做法完全不同：床面大边直接接腿而没有牙条，也没有屏，形制极其朴实简单。从此床的简朴我们可以看出为什么当初文震亨要说："若竹床及飘檐、拔步、彩漆、卍字、回纹等式，俱俗。"[1] 现代人可能已经失去古人的那种对款式的敏感。对于大多数人来说，睡在一张拔步床上比睡在这类简朴的床上感觉要好，因为这更能体现一个人经济上的成功。时代变矣。

1.（明）文震亨：《长物志》，卷六，"几榻"。

榆木
204厘米长，81厘米宽，49厘米高
16世纪，中国北方
马可乐藏，崔鹏摄

3. 束腰马蹄足直腿床（榻）

与床2一样，到底应该称这类家具为“榻”还是“床”？榻和床的形制究竟有何不同？答案应该是：将这件家具称为榻不是一个正确的说法。文震亨在《长物志》里详细描述过榻：“周设木格，中贯湘竹，下座不虚，三面靠背，后背与两傍等，此榻之定式也。”此“榻”不仅四足耸立，而且下座虚空，关键是三面都没靠背，应该是床。此床狭窄，只能睡一个人，就是文震亨说的“独眠床”。不知何时，古代的床变成现在的榻，而古代的榻变成现在的床（罗汉床）。明知床、榻颠倒，但俗约如洪，改回难矣。

柏木
200厘米长，84.5厘米宽，51厘米高
16/17世纪，山西
马可乐藏，崔鹏摄

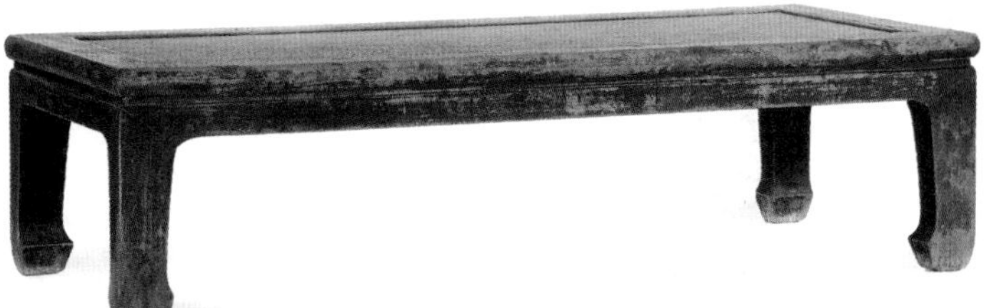

4. 须弥座式禅床（榻）

此床与床3的尺寸和做法非常接近，只是牙条和床腿的做法有所不同。床3为无壶门的直腿，而此床腿为壶门式。牙条内圆弧过渡至床腿，弧圆朝下斜切，巧妙地做成内翻马蹄。因此，床腿看上去要比床3的粗。须弥座是传统建筑和雕塑的基座，整体是束腰造型，上下通常有莲花纹饰。一些佛像的座子为须弥座，经联想将此床称须弥座式禅床未尝不可。白天打坐冥想大都在禅椅上进行，而入睡前打坐可以在床上进行。此床比床3还要窄短，应为“独眠床”，即单人床。

榆木、杨木
193.5厘米长，80厘米宽，
50厘米高
15世纪，山西
马可乐藏，崔鹏摄

5. 四平面脚踏

四平面一般是指桌面和桌腿连接的平面做法，但此脚踏是通身四平。牵脚档榫接法与踏脚面做法相同，且几乎贴近地面，看似托泥但又不是，从而使脚踏具有整体感。仔细看局部，可发现微妙变化：四根边柱最粗，显得坚实牢固，脚踏面四条大边其次，牵脚档最细。这样既丰富又统一，全无极简主义的枯燥感。此脚踏的四腿为裹脚式做法，与几27同，且接近桌2，腿仅露出一丁点。制式古老，黄花梨家具不曾见有此做法。此脚踏所用木材为赤榉，纹理流动飘逸，色泽红暖润丽。

榉木
66厘米长，33厘米宽，14.5厘米高
18世纪，淮扬地区
刘山藏，张召摄

索引

D

E

F

G

N

Q

R

S

T

W

X

Y

Z